AMÉDÉE GUILLEMIN

LE SOLEIL

L. HACHETTE et Cie, 77, boulevard St-Germain, à Paris

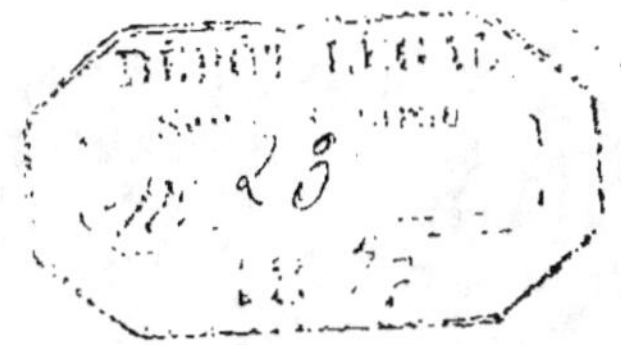

LE
SOLEIL

Fig. 19 (page 98). — Le Soleil et les planètes. — Dimensions comparées.

LE SOLEIL

AMÉDÉE GUILLEMIN

OUVRAGE ILLUSTRÉ

de 58 figures gravées sur bois

TROISIÈME ÉDITION

PARIS

LIBRAIRIE HACHETTE ET Cie

79, BOULEVARD SAINT-GERMAIN, 79

1873

Droits de traduction et de reproduction réservés.

LE SOLEIL

Le Soleil est la vie de la Terre.

C'est la source commune, le trésor inépuisable où s'alimentent, depuis des millions de siècles, toutes les énergies terrestres, les puissances mécaniques et physiques comme les forces des êtres vivants, végétaux ou animaux. C'est le Soleil qui fait de notre globe, au lieu d'un morne désert, plein de ténèbres et de silence, le séjour de la lumière et de la chaleur, du mouvement, en un mot de la vie.

Le cœur se resserre et l'imagination s'effraye à la seule pensée que ce flambeau du monde pourrait un jour s'éteindre, et cesser d'envelopper de ses effluves fécondes la Terre que nous habitons et toutes les terres soumises à sa puissance. La probabilité d'un événement aussi terrible est bien faible sans doute; mais nous verrons que les annales du ciel en offrent des exemples. Dans tous les cas, il peut être intéressant d'en montrer toutes les conséquences, pour mieux comprendre quel rôle bienfaisant joue vis-à-vis de notre monde l'astre radieux.

Les peuples primitifs, dans leur ignorance naïve, avaient fait du Soleil le grand dieu de la nature ; l'adoration du feu et de la lumière est au fond de toutes les théogonies. Cette instinctive reconnaissance se rencontre encore, non-seulement dans les peuplades qui vivent loin du contact de la civilisation, mais jusqu'au sein de nos populations rurales, comme le témoigne l'anecdote suivante, rapportée par Arago dans son récit de l'éclipse totale de Soleil, de juillet 1842 :

« Un pauvre enfant de la commune des Sieyès (Basses-Alpes) gardait son troupeau. Ignorant complétement l'événement qui se préparait, il vit avec inquiétude le Soleil s'obscurcir par degré, car aucun nuage, aucune vapeur ne lui donnait l'explication de ce phénomène. Lorsque la lumière disparut tout à coup, le pauvre enfant, au comble de la frayeur, se prit à pleurer et à appeler *au secours !*... Ses larmes coulaient encore lorsque le Soleil donna son premier rayon. Rassuré à cet aspect, l'enfant croisa les mains en s'écriant : *O beou souleou !* (O beau Soleil !) »

Cette exclamation n'est-elle pas comme un écho lointain de l'antique idolâtrie ? Aujourd'hui, dans les masses, toute trace d'une superstition de ce genre a sans doute disparu ; mais l'ignorance est restée, et l'indifférence a succédé à l'enthousiasme. L'agriculteur laboure et fume ses champs, puis il leur confie la semence, et compte sur la pluie et le beau temps pour mener à bien la moisson. Cherche-t-il à se rendre compte de la façon dont opèrent les rayons de ce Soleil qui travaille avec lui ? S'est-il demandé jamais ce que c'est que ce puissant ouvrier, sans lequel tous ses labeurs seraient vains et sa terre stérile ; comment il se fait que la nuit et le jour se succèdent avec des durées périodiquement inégales ; pourquoi l'été et l'hiver, le printemps et l'automne ; quelles sont les causes de ces phénomènes pour lui si pleins d'intérêt, les vents et les pluies, les temps sereins et les orages ? L'industriel qui alimente sa machine de houille, transformant l'eau en vapeur, puis en force, qu'il distribue dans ses vastes ateliers, ne songe guère non plus quelle est la source originaire de toute cette puissance.

C'est au Soleil, nous l'avons dit et nous le montrerons, qu'il faut attribuer toutes les merveilles dont le travail de la nature et le travail de l'homme ont enrichi la Terre. La science aujourd'hui est en état de démontrer cette thèse, voilée jadis sous les symboles, dégagée de tout ce que la primitive ignorance y avait joint de superstition.

Voilà pourquoi la pensée nous est venue d'écrire ce petit livre, destiné à tous, excepté aux astronomes et aux savants qui ont en main tous les documents que nous avons mis en œuvre, et en savent plus que nous d'ailleurs sur ce sujet.

Nous avons précédemment invité nos lecteurs à faire avec nous un petit voyage de cent mille lieues — une bagatelle — et à explorer la Lune, ce fidèle satellite de la Terre. Cette fois-ci, la route sera plus longue ; mais c'est à l'astre puissant d'où la Terre et toutes les planètes sont probablement sorties, qu'il s'agit de rendre hommage, et, par reconnaissance filiale autant que par curiosité, nous pouvons bien nous décider à faire franchir trente-sept millions de lieues à notre imagination. Un convoi de chemin de fer mettrait trois siècles et demi ; il nous faudra seulement quelques heures, et nous rapporterons, j'espère, de notre excursion, un assez bon nombre de faits curieux. Nous mesurerons le Soleil, sa circonférence, son volume ; nous le pèserons dans la balance des astronomes, et nous évaluerons avec les physiciens l'intensité de sa chaleur et de sa lumière. Enfin, après avoir reconnu qu'il tourne sur lui-même et déterminé la durée de sa rotation, nous explorerons tous les points de son immense surface, de ce vaste océan de feu ; nous en étudierons les tourbillons et les tempêtes qui de loin se montrent, dans les télescopes, sous l'aspect de taches plus ou moins sombres, et ressemblent à des trouées gigantesques où notre pauvre petit globe s'engloutirait comme une pierre dans un puits.

Après avoir exploré ainsi de près l'immense sphère lumineuse, dont la puissance force à circuler autour de lui, en des périodes régulières, plus de cent planètes et des comètes innombrables, nous nous en éloignerons par la pensée, jusqu'à ce qu'il ne nous apparaisse plus que comme un point perdu dans le monde des étoiles. Nous chercherons alors sa place dans la grande nébuleuse de la Voie lactée, et nous verrons qu'il se meut lui-même dans l'éther, entraînant avec lui tout son cortége vers un point de l'espace situé dans la direction de la constellation d'Hercule, satellite à son tour de quelque soleil inconnu ou d'un groupe de soleils.

Tel est le programme sommaire de la pérégrination astronomique à laquelle nous convions le lecteur curieux des choses du ciel, et qui s'est posé quelquefois cette question tant soit peu embarrassante : « Qu'est-ce que le Soleil? »

LE SOLEIL

CHAPITRE I

LE SOLEIL, SOURCE DE LUMIÈRE, DE CHALEUR
ET D'ACTIVITÉ CHIMIQUE

§ 1. — LA LUMIÈRE DU SOLEIL

Quelques notions de photométrie; ce qu'on entend par pouvoir éclairant et par éclat intrinsèque d'une source lumineuse. — A combien de bougies équivaut le pouvoir éclairant du Soleil ? — La lumière solaire comparée à celle de l'arc voltaïque. — Mesure de l'intensité intrinsèque de la lumière du Soleil.

Dire que le Soleil est la source de lumière la plus éblouissante que l'on connaisse, c'est sans doute n'apprendre rien à personne. Ce qui serait plus intéressant et plus instructif, mais ce qui est aussi beaucoup moins aisé, comme on va le voir, ce serait d'évaluer avec quelque précision l'intensité de ce foyer prodigieux. Depuis deux siècles, diverses tentatives ont été faites pour mesurer l'intensité de la lumière solaire, et, bien que les résultats ne soient pas tous concordants, ils suffiront à donner une idée de la puissance lumineuse de l'astre, comparée à celle des autres sources naturelles ou artificielles que nous pouvons observer ou nous procurer à la surface de la Terre.

Avant d'entrer dans les détails relatifs à cette question délicate de photométrie, posons quelques principes, nécessaires pour dissiper ce que l'énoncé de la question elle-même pourrait avoir d'obscur aux yeux des lecteurs qui ne sont point familiers avec les théories de l'optique.

Quand on parle de l'intensité d'une source de lumière, on peut envisager cette intensité à deux points de vue fort différents : ou bien on entend par là le rapport du *pouvoir éclairant* de la source à celui d'une autre source pris pour terme de comparaison ou unité ; ou bien on veut parler de son *éclat intrinsèque*. Montrons par des exemples quelle différence existe entre ces deux modes d'appréciation.

Supposons, par exemple, qu'on ait trouvé que le pouvoir éclairant d'un bec de gaz d'une certaine dimension équivaut à celui de 16 bougies ; dans ce cas, on suppose que le bec de gaz et les 16 bougies sont placés à la même distance d'une surface, qui se trouve alors également illuminée par les deux sources. Le même rapport existerait néanmoins entre les pouvoirs éclairants du bec de gaz et de la bougie prise ici pour unité, si la distance du bec à la surface éclairée était 4 fois aussi grande que celle d'une bougie qui l'illuminerait également. C'est la conséquence de la loi en vertu de laquelle le pouvoir éclairant d'une source diminue en raison inverse du carré de la distance, c'est-à-dire devient

4, 9, 16... fois plus faible, quand la distance, au contraire, devient 2, 3, 4... fois plus considérable.

Comprise de cette façon, l'intensité de la lumière solaire ou le pouvoir éclairant du Soleil se mesurera par le nombre de bougies, de becs de gaz, de disques de la Lune, de lumières stellaires, etc., qu'il faudrait accumuler ou supposer rassemblés, soit à des distances déterminées d'une surface, soit dans le ciel, à la distance où sont les astres eux-mêmes, pour produire une égale illumination sur la surface considérée.

Un mot maintenant sur ce qu'on entend par l'intensité *intrinsèque* d'une source de lumière. Imaginons que l'on découpe par la pensée, sur le disque du Soleil, une étendue égale en apparence à celle de la flamme d'une bougie vue à une distance d'un mètre, par exemple, et qu'on se demande alors combien la première surface sera de fois aussi lumineuse que l'autre. La réponse à cette question donnerait l'intensité intrinsèque de la lumière solaire rapportée à celle d'une bougie. Ainsi mesurer l'éclat intrinsèque d'une source, c'est comparer l'éclat d'une portion de la surface lumineuse à celui d'une égale surface prise dans une source qui est considérée comme l'unité.

Cette distinction entre le pouvoir éclairant et l'intensité intrinsèque une fois bien comprise, les résultats que nous allons rapporter s'expliqueront d'eux-mêmes.

Plusieurs physiciens du XVIe et du XVIIe siècle, Maurolicus, Auzout, Huygens, essayèrent de mesurer l'intensité de la lumière solaire ; mais c'est à Bouguer qu'on doit les premiers nombres un peu précis sur ce point délicat de photométrie. Il se servit d'une lentille concave pour faire diverger les rayons solaires, de façon à en affaiblir l'éclat dans une proportion aisée à calculer; puis il compara le pouvoir éclairant de la lumière du Soleil, ainsi réduite, à celui d'une bougie placée à une distance donnée de l'écran. Bouguer trouva par cette méthode, en septembre 1725, que le Soleil, à une hauteur de 31° au-dessus de l'horizon, par un ciel pur, éclaire comme 11 664 bougies à $0^m,43$ de distance, c'est-à-dire comme 62 177 bougies à 1 mètre. D'après la loi de la variation de l'intensité en raison inverse du carré de la distance, et en tenant compte de l'absorption atmosphérique, on arrive à ce résultat que le Soleil éclaire au zénith, par un ciel bien pur, 75 200 fois autant qu'une bougie placée à 1 mètre de distance de l'objet éclairé.

Wollaston, en mai et juin 1799, par une méthode consistant à recevoir un faisceau très-mince de lumière solaire à travers le trou d'une chambre obscure, arriva à un résultat qui ne diffère que très-peu de celui de Bouguer : en moyenne, il trouva que 5 563 bougies [1] placées à la distance d'un pied anglais ($0^m,305$), ou 59 882 bougies à 1 mètre éclairent autant que le Soleil. En supposant le Soleil au zénith, et les bougies placées à un mètre, le pouvoir éclairant de l'astre équivaut à celui de 68 000 bougies. Ce nombre est un peu moindre que celui de Bouguer. Mais les deux méthodes employées ne comportent pas une précision plus grande, et les cir-

---

1. C'est une moyenne entre 12 expériences dont les deux extrêmes donnent au maximum 7 770 et au minimum 3 965.

constances atmosphériques n'étaient sans doute pas les mêmes.

Une lampe Carcel, qui brûle 42 grammes d'huile épurée par heure, donne autant de lumière que 8 à 9 bougies stéariques; un bec de gaz dit papillon, autant que 7 à 8 bougies. On peut, à l'aide de ces nombres et des résultats obtenus par Bouguer et Wollaston, calculer aisément combien la lumière du Soleil vaut de fois l'une ou l'autre de ces sources lumineuses; mais on sait maintenant produire artificiellement des lumières, dont l'intensité se rapproche beaucoup plus de celle du Soleil. Par exemple, en projetant sur un fragment de chaux le jet enflammé d'un mélange de gaz oxygène et de gaz hydrogène, on obtient une lumière très-vive : c'est celle qu'on connaît sous le nom de *lumière Drummond*, ou *lumière oxy-hydrique*. M. Edmond Becquerel, se servant d'un appareil qui dépensait 3 litres et demi de gaz par minute, évaluait la quantité de lumière produite à celle de 160 ou de 180 bougies. Un fil de magnésium de 3 dixièmes de millimètre de diamètre a un pouvoir éclairant de 74 bougies à l'air libre, de 110 bougies s'il brûle dans l'oxygène : dans ce dernier cas, son éclat intrinsèque égale 500 fois celui de la bougie. Enfin, l'arc voltaïque, qu'on obtient avec une pile à acide azotique de 50 à 100 couples, donne une quantité de lumière que M. E. Becquerel considère comme équivalant à celle de 400 à 1 000 bougies. Dans ce dernier cas, la lumière du Soleil au zénith, d'après les mesures de Bouguer et de Wollaston, n'aurait pas un pouvoir éclairant supérieur à 75 fois celui de l'arc voltaïque, à 1 mètre de distance.

Avec des piles plus puissantes, on obtient une quantité de lumière qui se rapproche plus encore de l'intensité lumineuse du Soleil. Ainsi MM. Fizeau et Foucault, comparant l'éclat d'un arc voltaïque produit par l'action de trois séries de piles Bunsen de chacune 46 couples, avec la lumière que donnait le Soleil, par un ciel pur du mois d'avril, ont constaté que le pouvoir éclairant de l'astre ne valait pas plus de deux fois et demie celui de la lumière électrique.

Dans toutes ces mesures, il ne s'agit que du pouvoir éclairant du Soleil. Arago a évalué l'intensité intrinsèque de la lumière solaire de la manière suivante. Il a commencé par lui comparer l'éclat de l'atmosphère, dans le voisinage du disque, et il a trouvé que tout autour du Soleil, à une distance angulaire à peu près égale à son diamètre, la lumière atmosphérique est 511 fois moins intense que la lumière du Soleil. Cela posé, quand on projette la flamme d'une bougie, non pas seulement sur le disque solaire, mais aussi sur la partie du ciel qui l'environne dans le champ dont il vient d'être question, cette flamme disparaît entièrement à l'œil; on n'aperçoit plus que la mèche carbonisée dont la silhouette se détache en noir sur le fond lumineux. Or, Bouguer a montré qu'une lumière, pour en faire disparaître une autre, doit être 64 fois au moins plus intense. Le champ de l'atmosphère qui environne le Soleil a donc un éclat intrinsèque égal à 64 fois au moins celui de la flamme d'une bougie. De sorte que l'intensité de la lumière solaire est elle-même 511×64 ou 32 704 fois plus forte que la lumière d'une bougie. Il s'agit bien là, comme on voit, de l'éclat intrinsèque, non plus du pouvoir éclairant.

Mais ce mode d'évaluation indiqué par Arago dans son *Astronomie populaire* [1] ne donne qu'une limite inférieure. D'après M. Edmond Becquerel, la flamme d'une bougie offre une surface visible d'environ 180 millimètres carrés : un cercle de cette étendue devrait être placé à 1^m,73 de l'œil pour que son diamètre sous-tendît un arc de 30', c'est-à-dire eût la même dimension apparente que le Soleil. Il en résulte que, si l'on prend pour unité l'éclat intrinsèque de la lumière d'une bougie, l'éclat de la lumière solaire devient, d'après Bouguer, 186 400, et, d'après Wollaston, 179 130.

Absorption de la lumière du Soleil par l'atmosphère ; elle varie avec la hauteur de l'astre au-dessus de l'horizon. — Variations de la lumière selon les saisons.

Dans toutes les comparaisons qui précèdent, il ne s'agit, bien entendu, que de la lumière solaire telle qu'elle nous parvient à la surface du sol après son trajet au travers des couches gazeuses qui forment l'atmosphère. Ces couches sont d'ailleurs plus ou moins pures, plus ou mons chargées de vapeur d'eau et de particules solides en suspension, de poussières, de germes de toutes sortes. Une certaine fraction de la lumière du Soleil est absorbée par son passage dans ce milieu variable, et elle l'est, toutes choses égales d'ailleurs, en proportion d'autant plus grande que la hauteur du Soleil au-dessus de l'horizon est moindre.

Bouguer, qui a fait des recherches à ce sujet,

1. Il y a 15 000 au lieu de 32 704 ; ce qui nous a semblé être une faute d'impression.

estime que l'absorption atmosphérique réduit l'intensité de la lumière du Soleil aux nombres suivants, en regardant comme égale à 10 000 celle du Soleil dans l'hypothèse où l'atmosphère n'existerait point :

Au Zénith.	. . . .	8 123
À 50°.	. . . .	7 624
— 30°.	. . . .	6 613
— 20°.	. . . .	5 474
— 10°.	. . . .	3 149
— 5°.	. . . .	1 201
— 4°.	. . . .	802
— 3°.	. . . .	454
— 2°.	. . . .	192
— 1°.	. . . .	47
— 0°.	. . . .	6

D'après ce tableau, on voit qu'au lever du Soleil, la lumière de l'astre est 1 354 fois moins éblouissante qu'au zénith; à Paris, le jour du solstice d'été, vers le 20 juin, le Soleil s'élève jusqu'à 64°, à midi : ce jour-là, sa lumière à midi est plus de 1 300 fois aussi intense qu'à 4 heures du matin, à l'heure où son disque point à l'horizon.

Il ne s'agit ici que de l'absorption de la lumière du Soleil par l'air, et le tableau calculé par Bouguer exprime dans quelle proportion l'enveloppe gazeuse dont la Terre est entourée en diminue l'éclat par un ciel bien pur. Mais le plus souvent cet éclat se trouve diminué encore par l'interposition des masses vaporeuses, brouillards et nuages, en suspension dans l'atmosphère. La lumière du Soleil se trouve ainsi diffusée avant de parvenir à l'œil, qui la reçoit aussi après sa réflexion à la surface des nuages et des objets terrestres.

Avant le lever et après le coucher du Soleil, quand le disque lumineux n'est pas encore ou n'est plus visible, sa lumière éclaire directement les couches supérieures de l'atmosphère, et parvient jusqu'à nous par sa réflexion directe, comme aussi par sa réfraction dans le milieu gazeux qui surplombe nos têtes. La durée du jour ou mieux de la journée se trouve ainsi accrue par le crépuscule et par l'aurore. Enfin, même pendant la nuit, nous pouvons encore être éclairés par la lumière solaire ; car c'est elle qui, réfléchie par la surface de la Lune et des planètes, fait briller ces astres sur le fond obscur de la voûte étoilée.

De l'hiver à l'été, la variation d'intensité de la lumière solaire peut être fort grande, à cause des changements dans la pureté ou la faculté absorbante de l'atmosphère. Mais astronomiquement parlant, c'est-à-dire aux limites de l'atmosphère, elle reste la même, la variation dans la distance d'une source lumineuse ne modifiant pas son éclat intrinsèque. Ce qui change à raison de cette distance, c'est le diamètre apparent de l'astre, par suite la surface lumineuse et le pouvoir éclairant. Quand on calcule le rapport de ces divers éléments, on trouve que si le pouvoir éclairant du disque solaire est 1,000 à la distance moyenne de l'astre, c'est-à-dire aux époques du 1er avril et du 1er octobre, à sa plus grande distance de la Terre ou à l'aphélie au 1er juillet, ce pouvoir est réduit à 0,966, et en janvier, époque du périhélie ou de sa distance minimum à la Terre, il devient 1,033. Mais pour que ces nombres correspondent à des variations réelles dans la lumière du jour, il faut supposer que le Soleil est, dans tous les cas, à une même hauteur au-dessus de l'horizon, dans des conditions atmosphériques identiques, ce qui est difficile à rencontrer en des saisons si différentes.

La lumière du Soleil comparée à celle des étoiles et à celle de la Lune. — Différence d'intensité entre les bords et le centre du disque du Soleil.

Les physiciens dont nous avons cité plus haut les expériences photométriques ont essayé aussi de comparer la lumière solaire à celle des autres sources lumineuses cosmiques, comme la Lune et les étoiles.

Huygens estimait la lumière du Soleil au moins égale à 765 millions de fois celle de Sirius. D'après Wollaston, elle est de beaucoup supérieure à ce nombre, et il l'évalue égale à 20 milliards de fois la lumière de la même étoile, qui est, comme on sait, la plus brillante du ciel entier. Il résulte de là que, pour voir le Soleil se réduire à un point lumineux dont l'éclat serait égal à celui de Sirius, il faudrait que notre planète s'éloignât dans l'espace à une distance d'environ 140 000 fois sa distance actuelle à l'astre radieux. Inversement, si Sirius s'approchait de nous, de manière à prendre la place de notre Soleil, sa lumière équivaudrait à celle de 94 soleils semblables au nôtre!

Bouguer, comparant la lumière solaire à celle de la pleine Lune, déduisit d'un grand nombre d'observations cette conséquence, que le pouvoir éclairant du Soleil équivaut à 300 000 fois celui du disque de notre satellite. Chose singulière, Wollaston, à peu près d'accord avec Bouguer sur l'intensité comparée des lumières du Soleil et d'une bougie, a trouvé que le pouvoir éclairant du Soleil est à celui de la Lune comme 801 072 est à 1. La différence entre ces deux résultats est si grande qu'on ne sait comment l'expliquer : c'est une expérience qu'il serait bon de recommencer.

Quoi qu'il en soit, en prenant pour unité l'intensité du rayonnement solaire, abstraction faite de l'absorption atmosphérique, on peut calculer ce qu'est l'intensité de cette même radiation à la surface de chacune des planètes. Considérée intrinsèquement, elle reste la même ; mais en raison de la variation du diamètre apparent du Soleil et par suite de la surface rayonnante du disque, la quantité de chaleur et de lumière qui parvient à chaque planète se trouve varier en raison inverse du carré de leurs distances au foyer commun. De Mercure, la planète la plus voisine du Soleil, à Neptune, la plus éloignée, la lumière solaire diminue dans la proportion de 7 000 à 1 environ.

Pour terminer ce que nous avons à dire du Soleil, considéré comme source de lumière, il nous reste à parler de la différence d'intensité qui existe entre les diverses régions de sa surface.

Il paraît certain, comme Bouguer l'a remarqué le premier, que la surface du disque n'est pas uniformément lumineuse : le centre a une lumière plus intense que les bords. D'après lui, le rapport des intensités est celui des nombres 48 et 35. Cependant Arago, ayant comparé à l'aide de son polariscope la lumière du bord à celle du centre du Soleil, n'a pu constater une différence de $\frac{1}{40}$ entre leurs intensités respectives. Plus récemment, le P. Secchi a effectué un grand nombre de mesures comparatives à l'aide du photomètre à roue tournante, et il en a conclu que le centre a une lumière plus intense que les bords dans le rapport des nombres 4 ou 3 à 1 : encore s'agit-il de la lumière prise à 50 secondes du bord ; au bord même, il l'évalue tout au plus à $\frac{1}{20}$. D'où viennent de pareilles divergences entre les résultats obtenus par des observateurs également habiles et savants? C'est ce que nous ne saurions dire. J. Herschel, dans la 6ᵉ édition de ses *Outlines of astronomy*, dit positivement : « Quand on voit tout le disque du Soleil à travers un télescope grossissant modérément, avec un verre obscur pour permettre d'examiner à l'aise, il devient évident que les bordures de son disque sont beaucoup moins lumineuses que le centre. On s'assure que ce n'est pas une illusion, en projetant l'image du Soleil modérément grossie et non obscurcie, de manière à occuper un cercle de 1 décimètre environ de diamètre, sur une feuille de papier blanc. » Une épreuve photographique du Soleil, obtenue le 7 août 1863, et que nous avons entre les mains, indique une très-notable différence d'intensité entre la lumière du bord et celle du centre. Mais elle peut être due surtout à une différence dans l'activité des rayons chimiques. On verra plus loin quelle est l'importance du fait dont il s'agit, au point de vue de la constitution physique du Soleil.

§ 2. — LA CHALEUR DU SOLEIL.

La température de notre globe est due à trois sources de chaleur : celle des espaces interstellaires, la chaleur interne et la chaleur solaire.

Trois sources principales de chaleur concourent à donner à la Terre la température qu'elle possède :

c'est, en premier lieu, la chaleur interne ou propre
à la masse même de la Terre; puis c'est celle que
lui communiquent les espaces interplanétaires, dont
elle parcourt successivement diverses régions ; c'est
en troisième lieu, la chaleur qu'elle reçoit du Soleil.

Un point quelconque de l'espace est incessamment traversé par les rayons de chaleur émanés
des astres les plus éloignés, étoiles, soleils, corps
obscurs qui circulent à l'entour, en un mot de
toutes les masses de matière agglomérées ou disséminées dans le ciel. De ce rayonnement continuel
résulte une certaine température qui peut varier, du
reste, quand on passe d'un point de l'univers à un
autre, mais en restant sensiblement la même à l'intérieur de notre monde planétaire, les dimensions
de ce monde étant extrêmement petites relativement
aux distances des sources rayonnantes [1].

Fourier a le premier reconnu et évalué l'existence
de cette température fondamentale de l'espace. Il a
fait voir que si la masse terrestre, outre sa chaleur
interne, dont nous allons dire aussi deux mots, ne
recevait que la chaleur du Soleil, si l'espace interplanétaire était entièrement dépourvu de chaleur, la
déperdition pendant la nuit et pendant les saisons
hivernales serait telle, qu'aucun être animé ne pour-

---

1. Cela signifie que la température de la portion de l'espace circonscrite par l'orbite de Neptune, la planète la plus
éloignée du Soleil, est uniforme, abstraction faite de la
chaleur rayonnée par le Soleil et les planètes. Mais comme
le Soleil et tout son système voyagent dans l'espace selon
une direction déterminée, ce déplacement peut faire parcourir à la Terre et à ses compagnons des régions de l'espace
dont la température ne soit pas la même et varie avec les
années ou avec les siècles.

rait résister aux brusques variations qui en résulte-
raient pour la température d'un lieu quelconque. La
température de l'espace est cependant inférieure à
celle des régions polaires les plus froides; Fourier
l'évaluait à 60° au-dessous de 0°; selon Pouillet,
elle serait beaucoup plus basse encore et ne serait
pas supérieure à — 142°. Quelque faible qu'elle soit,
la température de l'espace céleste est « une cause
physique toujours présente qui modère les températures à la surface du globe terrestre et donne à notre
planète une chaleur fondamentable, indépendante de
l'action du Soleil et de la chaleur propre que sa
masse intérieure a conservée. »

L'accroissement de température qu'on observe
dans les couches du sol, à mesure qu'on pénètre
plus avant à l'intérieur de la Terre, est une preuve
incontestable de l'existence d'une chaleur propre à
la masse même du globe terrestre. Fourier a prouvé
que l'action seule des rayons solaires ne pouvait
rendre compte de cet accroissement de température, puisque, au cas où cette action se fût prolongée pendant un assez grand nombre de siècles
pour amener l'échauffement à son terme, on devrait
trouver une température uniforme à partir d'une
certaine profondeur; et si, au contraire, cet état
final n'était point encore atteint, la température des
couches devrait décroître avec la profondeur. Dans
les deux hypothèses, le résultat serait contraire à
l'observation.

La chaleur intérieure de la Terre se propage par
voie de conductibilité, du centre jusqu'aux couches
superficielles et à la surface même du sol, dont on
a calculé qu'elle ne peut élever la température de

plus d'un 36ᵉ de degré : elle serait suffisante, néanmoins, d'après Fourier, pour fondre en un siècle
une couche de glace de 3 mètres d'épaisseur.

Par cette émission, le globe terrestre se refroidit
de plus en plus; mais la perte de chaleur, de plus
en plus faible, tend à être de plus en plus com-
pensée par le rayonnement solaire, qui est la troisième et principale source de chaleur pour la Terre.
C'est celle dont nous allons maintenant nous occuper
et que nous avions surtout en vue dans ce chapitre.

Intensité de la chaleur solaire à la surface du globe terrestre.
Absorption par la vapeur d'eau de l'atmosphère.

Pour apprécier ce qu'est, en elle-même, cette
source puissante de chaleur, il faut arriver à démêler ce qu'il y a de constant dans ses effets si variés,
que nous pouvons observer à la surface de la Terre.
Nous voyons ces effets changer d'une heure à
l'autre, dans le cours de la même journée, changer
d'un jour au jour suivant, et d'une saison à la saison
prochaine. L'observation prouve aussi qu'il y a une
grande différence entre la température des différentes régions de la Terre, suivant leurs latitudes,
de sorte qu'on a pu distinguer trois sortes de zones
ou climats, les zones tempérées, la zone tropicale et
les zones glaciales ou polaires, parce que la chaleur
solaire s'y distribue d'une façon très-inégale pendant
le cours d'une année.

Quelles sont les causes de ces variations et de ces
différences? Les plus saillantes et les plus cons-
tantes sont les mouvements de la Terre. Notre planète, en tournant sur elle-même et en circulant en
même temps autour du Soleil, présente à celui-ci

des parties successivement différentes de sa surface. Ce double mouvement donne lieu aux jours et aux nuits, aux saisons, à l'année, et comme l'axe de la Terre reste toujours parallèle à lui-même, il en résulte pour la durée de la présence du Soleil sur chaque horizon, pour sa hauteur plus ou moins grande suivant l'heure du jour et l'époque de l'année, des variations qui causent précisément les variations de température constituant les divers climats. D'ailleurs, la Terre ne reste point toujours à la même distance du Soleil; la chaleur solaire a donc encore, de ce chef, une intensité variable.

Enfin l'atmosphère, à travers laquelle passent les rayons calorifiques, avant que nous en puissions ressentir les effets, est plus ou moins pure, plus ou moins chargée de vapeurs : elle absorbe des quantités variables de ces rayons.

Il était, comme on voit, indispensable de tenir compte de tous ces éléments, de les déterminer par l'observation ou par le calcul, avant de rien conclure sur l'intensité intrinsèque de la chaleur du Soleil. De Saussure, J. Herschel ont les premiers abordé le problème dont Pouillet a donné, en 1838, une solution plus complète. Le mémoire de ce savant physicien avait pour objet les questions suivantes dont nous reproduisons l'énoncé, parce qu'il donnera une idée exacte des conditions complexes du problème : « Déterminer la quantité de chaleur solaire qui tombe perpendiculairement, dans un temps donné, sur une surface donnée; la proportion de cette chaleur qui est absorbée par l'atmosphère dans le trajet vertical; la loi de l'absorption pour diverses obliquités; la quantité totale de chaleur que la Terre reçoit du Soleil dans le cours d'une année; la quantité totale de chaleur qui est émise à chaque instant par toute la surface du Soleil; les éléments qu'il faudrait connaître pour savoir si la masse du Soleil se refroidit graduellement de siècle en siècle, ou s'il y a une cause destinée à reproduire les quantités de chaleur qui s'en échappent sans cesse; les éléments qui permettraient de déterminer sa température;..... la température que l'on observerait partout à la surface de la Terre, si le Soleil ne faisait pas sentir son action; l'élévation de température qui résulte de la chaleur solaire; le rapport des quantités de chaleur que la Terre reçoit de la part du Soleil et de la part de l'espace ou de tous les autres corps célestes. »

La figure 1 représente l'un des instruments qui ont servi à Pouillet pour la mesure de l'intensité solaire, et qu'il nomme pyrhéliomètre. Nous en reproduisons, d'après notre ouvrage *les Phénomènes de la Physique*, la description sommaire et le mode d'expérimentation :

« On voit, à la partie supérieure, un vase cylindrique en argent très-mince, dont la face tournée au Soleil est recouverte de noir de fumée. Ce vase est rempli d'eau, et la température du liquide est indiquée par un thermomètre dont la boule vient plonger à l'intérieur du cylindre, et dont la tige est protégée par un tube en laiton percé longitudinalement d'une rainure, de manière à laisser voir le niveau du mercure. A l'autre extrémité du tube, un disque, de même diamètre que le vase cylindrique, reçoit l'ombre de ce dernier, et permet de vérifier si la surface noircie est exposée normalement à la direction des rayons du Soleil : c'est ce qui arrive quand le disque inférieur est exactement recouver^t par l'ombre circulaire du disque supérieur

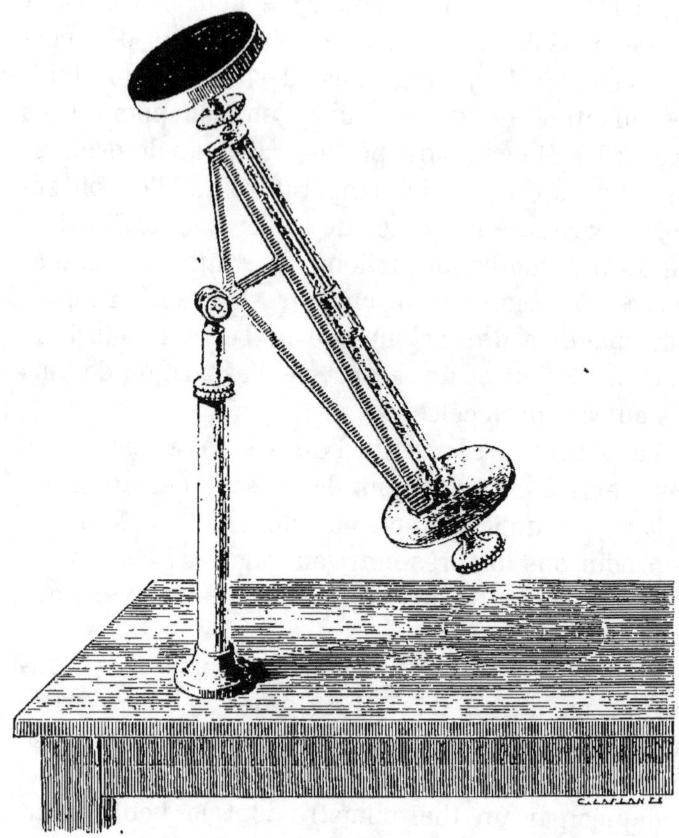

Fig. 1. — Pyrhéliomètre de Pouillet.

« On commence par noter la température de l'ins-trument; puis on expose sa face noircie vers une portion du ciel sans nuages, mais de manière qu'il ne reçoive pas les rayons solaires. Au bout de cinq minutes, le rayonnement de l'instrument détermine un certain abaissement de température. En dirigeant alors l'instrument vers le Soleil, la face noircie reçoit pendant cinq autres minutes la chaleur solaire tombant perpendiculaire sur cette face. On note l'élévation de température. Enfin, on fait de nouveau rayonner l'instrument pendant cinq minutes dans sa première position, et l'on observe encore le refroidissement final. La première et la troisième observation sont nécessaires pour calculer la quantité de chaleur perdue par le rayonnement de l'instrument dans l'espace, pendant son exposition au Soleil, quantité qui est une moyenne entre les deux refroidissements observés. En l'ajoutant à l'échauffement dû à l'exposition directe aux rayons solaires, on aura l'élévation de température totale; et par suite on pourra calculer le nombre de calories [1] absorbées pendant une minute par une surface égale à celle du disque noirci. »

L'élévation de température du pyrhéliomètre dépend d'une quantité constante que Pouillet a nommée la *constante solaire*, parce qu'elle exprime la puissance calorifique constante du Soleil; puis d'une autre quantité qu'il appelait la *constante atmosphérique*, qui est fixe seulement pour le même jour, mais variable d'un jour à l'autre suivant la sérénité du ciel et suivant que l'atmosphère absorbe des proportions plus ou moins fortes de la chaleur solaire incidente. Enfin, elle dépend principalement de l'épaisseur atmosphérique traversée par les rayons du Soleil, ou, ce qui revient au même, de la hauteur à laquelle le Soleil se trouve au-dessus de l'horizon.

---

1. On nomme *calorie* la quantité de chaleur nécessaire pour élever de 1° la température d'un kilogramme d'eau.

La figure 2 montre combien l'épaisseur traversée
varie avec la hauteur, abstraction faite de la réfraction qui augmente encore le chemin parcouru.

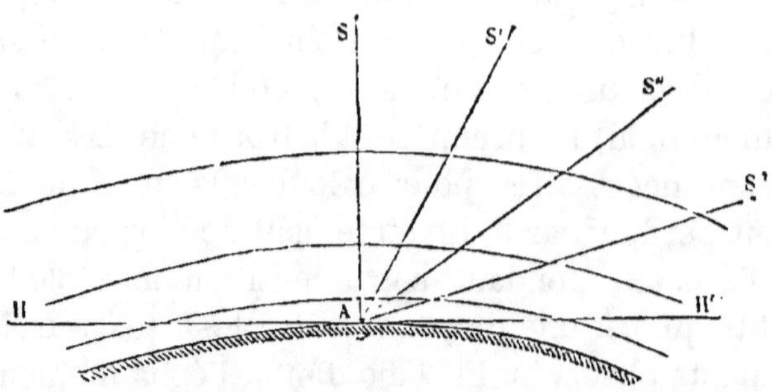

Fig. 2. — Inégalité de l'épaisseur des couches atmosphériques,
traversée par les rayons du Soleil, suivant sa hauteur au-dessus de l'horizon.

Voici maintenant quelques-uns des résultats auxquels ce savant est arrivé, et qu'il a déduits d'un
grand nombre d'observations.

Si l'atmosphère pouvait transmettre intégrale-
ment toute la chaleur solaire sans en rien absorber,
— ce qui revient à supposer l'appareil transporté
aux limites de l'atmosphère où il recevrait sans aucune perte toute la chaleur que le soleil rayonne
vers nous, — chaque mètre carré du sol frappé
verticalement recevrait par minute 17,633 calories.

Mais l'absorption de l'atmosphère diminue cette
quantité. Pour un ciel d'une sérénité parfaite, et en
supposant que les rayons de chaleur traversent verticalement l'atmosphère (c'est supposer le Soleil au
zénith), cette absorption est comprise entre 18 et 25
centièmes; elle augmente, bien entendu, avec l'obliquité. Si l'on considère la chaleur totale qui tombe
sur tout l'hémisph ère terrestre éclairé et échauffé à

la fois par le Soleil (*fig.* 3), il est bien clair que les divers rayons dont le faisceau calorifique se compose arrivent sur la Terre sous toutes les obliquités possibles : ils sont verticaux au point A où le Soleil est au zénith, horizontaux aux points tels que B et C où il est à l'horizon, obliques à l'horizon dans les points intermédiaires, tels que D. Alors, même en supposant l'atmosphère d'une sérénité parfaite, près de la moitié de la chaleur solaire est encore absorbée : la proportion qui en arrive au sol n'est guère que de 5 à 6 dixièmes.

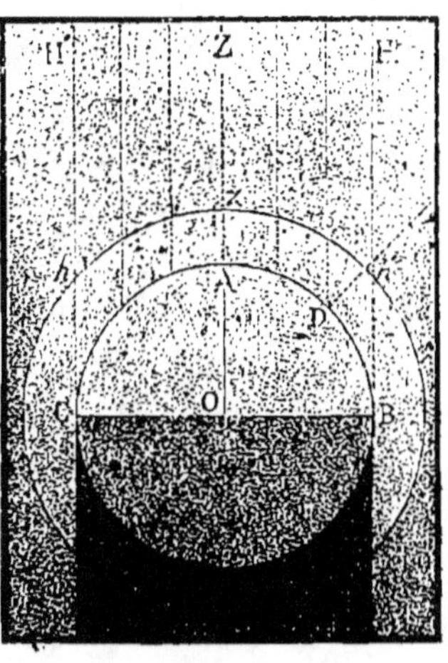

Fig. 3. — Absorption de la chaleur du Soleil par l'atmosphère, aux divers points d'un hémisphère terrestre.

Puisque le Soleil, d'après ce qu'on vient de voir, envoie en une minute, sur chaque mètre carré du sol qu'il frappe perpendiculairement, une quantité de chaleur égale à 17,633 calories, il est aisé d'en conclure la quantité totale de chaleur que le globe terrestre et son atmosphère reçoivent à la fois, en une année ; c'est celle que reçoit une surface égale en étendue à l'un des grands cercles de la Terre. On trouve ainsi plus de douze cents quintillions de calories, ou le nombre 1 210 000 000 000 000 000 000.

Cette quantité de chaleur est si grande qu'il est bien difficile de s'en faire une idée. Pouillet l'a évaluée de la façon suivante : « Si la quantité totale de chaleur que la Terre reçoit du Soleil, dans le cours d'une année, était uniformément répartie sur tous les points du globe terrestre, et qu'elle y fût employée, sans perte aucune, à fondre de la glace, elle serait capable de fondre une couche de glace qui envelopperait la Terre entière et qui aurait une épaisseur de $30^m,89$, ou près de 31 mètres; telle est la plus simple expression de la quantité totale de chaleur que la Terre reçoit chaque année du Soleil. »

L'absorption de la chaleur solaire par l'atmosphère dépend évidemment de l'épaisseur des couches traversées; mais, pour des hauteurs égales du Soleil au-dessus de l'horizon, c'est-à-dire pour des épaisseurs d'air égales, l'absorption varie dans le même lieu selon les saisons. Mais il est prouvé que ce n'est pas l'air lui-même, c'est-à-dire le mélange formé des gaz oxygène et azote, qui absorbe le plus de chaleur : la vapeur d'eau contenue dans l'air, en des proportions d'ailleurs très-variables, a un pouvoir absorbant au moins 70 fois plus considérable. Cela explique le fait constaté par le P. Secchi que la radiation solaire est moins intense en été qu'en hiver, pour une même hauteur du Soleil : en été, la quantité de vapeur d'eau que contient l'atmosphère est en effet beaucoup plus grande qu'en hiver.

Il résulte d'expériences faites à diverses altitudes par Forbes et Kaemtz, puis par M. Martins, que l'intensité de la radiation solaire est beaucoup plus forte sur les montagnes que dans les plaines. La raison en est que l'épaisseur atmosphérique traversée par les rayons du Soleil est moindre; et, de plus, que l'air est plus sec au-dessus des montagnes, moins chargé de vapeur que dans les plaines. Cependant il fait d'autant plus froid qu'on s'élève à des altitudes plus considérables, de sorte qu'il y a là une contradiction apparente dont l'explication n'est pas difficile. Ce sont les objets recevant directement l'action des rayons solaires qui s'échauffent, tandis que l'air, absorbant une faible quantité de chaleur, reste froid. « Jamais, dit Tyndall, je n'ai tant souffert de la chaleur solaire qu'en descendant du *Corridor*, au *grand plateau du mont Blanc*, le 13 août 1857 ; pendant que je m'enfonçais dans la neige jusqu'aux reins, le Soleil dardait ses rayons sur moi avec une force intolérable. Mon immersion dans l'ombre du *dôme du Gouté* changea à l'instant mes impressions, car là l'air était à la température de la glace. Il n'était pourtant pas sensiblement plus froid que l'air traversé par les rayons du Soleil ; et je souffrais, non pas du contact de l'air chaud, mais du choc des rayons calorifiques lancés contre moi à travers un milieu froid comme la glace. » (*La Chaleur.*)

La vapeur d'eau arrête en plus grande proportion les rayons solaires que l'air dans lequel elle est disséminée ; mais ces rayons se composent, comme on sait, de deux espèces de radiations différentes : les radiations lumineuses et les radiations obscures, et ces deux espèces de radiations subissent des absorptions très-inégales. Les premières passent presque en entier et pénètrent jusqu'au sol ; les autres sont au contraire absorbées dans une forte proportion. Si donc l'atmosphère empêche une bonne partie de la chaleur solaire d'arriver à la surface de notre globe, par compensation, elle jouit de la propriété de retenir celle qui est parvenue à l'échauffer. Sans l'atmosphère et sans la vapeur d'eau qu'elle renferme, le rayonnement du sol s'effectuant presque sans obstacle vers l'espace interplanétaire, la déperdition serait énorme, comme il arrive du reste dans les hautes régions. Aussitôt le Soleil couché, un refroidissement rapide succèderait à la chaleur intense des rayons directs du Soleil; en un mot, il y aurait entre les maxima et les minima de température, soit diurnes, soit mensuels, des différences énormes. C'est ce qui arrive sur les plateaux élevés du Thibet, et ce qui explique la rigueur des hivers et l'abaissement des lignes isothermes en ces régions. Tyndall dit avec beaucoup de justesse : « La suppression, pendant une seule nuit d'été, de la vapeur d'eau contenue dans l'atmosphère qui couvre l'Angleterre (et cela est vrai pour tous les pays des zones semblables), serait accompagnée de la destruction de toutes les plantes que la gelée fait périr. Dans le Sahara, où le *sol est de feu et le vent de flamme*, le froid de la nuit est souvent très-pénible à supporter. On voit dans cette contrée si chaude de la glace se former pendant la nuit. »

Intensité intrinsèque de la chaleur du Soleil. — La chaleur solaire fondrait par jour une couche de glace de 17 kilomètres d'épaisseur, environnant le globe du Soleil. — Chaleur de l'espace comparée à la chaleur solaire.

Mais revenons à la chaleur du Soleil, à l'évaluation de son intensité intrinsèque. Faisons observer d'abord que les moyens employés par les physiciens pour mesurer l'intensité de la radiation calorifique du Soleil à la surface de la Terre, ne permettent qu'une approximation. Le pyrhéliomètre de Pouillet donne un minimum, puisqu'une partie de la chaleur est évidemment absorbée : les nombres qui sont la conséquence de ces expériences sont donc plutôt au-dessous qu'au-dessus de la vérité. En les adoptant provisoirement, on peut calculer la quantité de chaleur que le Soleil envoie, non-seulement à la Terre, mais au ciel tout entier, celle en un mot que le globe solaire rayonne tout autour de lui, par chacun de ses points, dans tout l'univers.

A la distance moyenne du Soleil à la Terre, la quantité de chaleur que l'astre envoie par minute sur 1 mètre carré est 17,633 calories. Il est clair que la même quantité est reçue par chacun des mètres carrés composant la surface d'une sphère ayant le Soleil pour centre et pour rayon la distance de la Terre au Soleil. On trouve ainsi pour la sphère entière, c'est-à-dire pour la radiation solaire en 1 minute, un nombre de calories égal à 4 847 suivi de 25 zéros. On peut aussi remarquer que la surface de la sphère dont il s'agit vaut 2 150 000 000 de fois la surface d'un grand cercle de la Terre; c'est donc par ce dernier nombre qu'il faudrait multiplier celui que nous avons trouvé plus haut pour un hémisphère terrestre, si l'on voulait avoir la quantité totale de chaleur rayonnée par le Soleil dans l'intervalle d'une année. Traduisons ces nombres effrayants d'une autre manière, et disons avec Pouillet :

« Si la quantité totale de chaleur émise par le Soleil était exclusivement employée à fondre une couche de glace qui serait appliquée sur le globe solaire et l'envelopperait de toutes parts, cette quantité de chaleur serait capable de fondre en une minute une couche de 11m,80 d'épaisseur, en un jour une couche de 17 kilomètres. » Cette même quantité de chaleur, dit Tyndall, « ferait bouillir par heure 2 900 milliards de kilomètres cubes d'eau à la température de la glace. Exprimée sous une autre forme, la chaleur émise par le Soleil en une heure est égale à celle qui serait engendrée par la combustion d'une couche de houille de 27 kilomètres d'épaisseur. »

John Herschel a encore fait la comparaison suivante, qui, sous une forme originale, montre quelle est l'activité de l'immense foyer dont la Terre absorbe une fraction au plus égale à 1/2 150 000 000 :

« Imaginons, dit-il, qu'une colonne cylindrique de glace de 18 lieues de diamètre soit incessamment lancée dans le Soleil, et que l'eau fondue soit aussitôt enlevée. Pour que toute la chaleur solaire fût employée à la fusion de la glace, sans qu'aucun rayonnement extérieur se produisît, il faudrait lancer le cylindre congelé dans le Soleil avec la vitesse de la lumière. Ou si l'on veut, la chaleur du Soleil pourrait, sans diminuer d'intensité, fondre en une seconde de temps une colonne de glace de 4 120 kilomètres carrés de base et de 310 000 kilomètres de hauteur ! »

Ce qu'il importe de remarquer, c'est que la détermination de l'intensité de la radiation calorifique solaire ne repose sur aucune hypothèse ; « elle est, comme le dit très-bien Pouillet, indépendante de la nature propre du Soleil, de la matière qui le compose, de son pouvoir rayonnant, de sa température et de sa chaleur spécifique ; elle est simplement la conséquence immédiate des principes les mieux établis par rapport à la chaleur rayonnante et du nombre auquel nous sommes parvenu par l'expérience [1]. »

1. Ce dernier nombre seul sera probablement modifié, quand on aura répété les mêmes expériences en un grand

Nous avons dit, au début de ce chapitre, que Pouillet avait déterminé approximativement la température des espaces interplanétaires, et trouvé 142° au-dessous de la glace. Or, il résulte des recherches du même physicien sur la quantité de chaleur que cet espace communique à la Terre et à son atmosphère, pendant tout le cours d'une année, que cette chaleur serait capable de fondre à la surface de notre globe une couche de glace de 26 mètres.

Ainsi, d'une part, la chaleur du Soleil fondrait une couche de 31 mètres; d'autre part, la chaleur de l'espace fondrait une couche de 26 mètres. Cette dernière est donc les 5/6 environ de la première; résultat qui, au premier abord, ne peut manquer de paraître paradoxal. Mais si l'on réfléchit que le disque du Soleil vu de la Terre n'embrasse que la deux cent millième partie de la voûte céleste, que la surface rayonnante de l'astre, comparée à celle de tout l'éspace qui environne la Terre, est 200 000 fois moindre, on ne sera plus étonné qu'une enceinte d'une température aussi basse produise un effet calorifique presque égal à celui du Soleil.

nombre de lieux différents par leurs positions géographiques, leurs altitudes, leurs climats, de façon à éliminer toutes les causes de perturbation locales. De plus, il y aura lieu de tenir compte du pouvoir diffusif du noir de fumée, que Pouillet avait négligé, parce qu'à l'époque où il fit ses expériences, les physiciens considéraient le pouvoir absorbant du noir de fumée comme absolu. En tout cas, les nombres qui mesurent la radiation solaire et que nous avons donnés plus haut, sont plutôt au-dessous qu'au-dessus de la vérité. MM. Quetelet et Althans qui ont répété, le premier les expériences d'Herschel, le second celles de Pouillet, sont arrivés, en effet, à des résultats numériques doubles et triples de ceux que nous rapportons plus haut.

Chaleur du Soleil : sa puissance mécanique à la surface
de la Terre.

Une des plus grandes découvertes de la science
contemporaine est, sans contredit, celle qui a démontré l'équivalence du travail mécanique et de la
chaleur, et la possibilité de la transformation réci-
proque de ces deux éléments l'un dans l'autre. La
quantité de chaleur qui a reçu le nom de *calorie* est,
comme on sait, celle qui est nécessaire pour élever
de 1° centigrade la température d'un kilogramme
d'eau ; d'autre part, les mécaniciens donnent le nom
de *kilogrammètre* au travail dépensé pour élever à la
hauteur d'un mètre un poids d'un kilogramme, dans
l'intervalle d'une seconde. Le problème résolu est
celui qui consistait à déterminer combien la dépense
d'une calorie, tout entière transformée en travail
mécanique, est susceptible de produire de kilogrammètres, ou inversement quelle quantité de chaleur
est engendrée par la dépense d'un nombre dónné de
kilogrammètres. On sait aujourd'hui qu'une calorie
équivaut à environ 425 kilogrammètres [1]. De là le
nom donné à ce nombre d'*équivalent mécanique* de
la chaleur.

Nous avons vu quelle est la puissance calorifique
de la chaleur du Soleil, évaluée en calories. Nous
avons vu quel poids d'eau cette chaleur mettrait
en ébullition ; quelle couche de glace elle fondrait à

---

1. Les noms des physiciens modernes qui ont travaillé
à la solution de cette question capitale sont ceux des Rum-
fort, des Mayer, Joule, Thomson, Helmholtz, Hirn, Clausius,
Regnault, et nous en oublions. Mais Mayer a eu la gloire
incontestable de donner le premier une réponse décisive.

la surface du Soleil, dans le seul intervalle d'un jour; quelle couche de glace serait fondue à la surface du globe terrestre par la fraction de la chaleur solaire qui tombe en un an sur la surface. Maintenant, nous pouvons dire aussi quelle est la puissance mécanique de cet immense foyer, évaluer la somme des forces qu'engendrerait, à la surface de la Terre, toute la chaleur qu'il y verse incessamment, si cette chaleur était en effet convertie en travail.

En une année, chaque mètre carré de la surface de la Terre reçoit 2 318 157 calories : c'est plus de 23 milliards de calories par hectare, c'est-à-dire 9 852 200 000 000 kilogrammètres. Ainsi la radiation calorifique du Soleil, en s'exerçant sur la superficie d'un de nos hectares, y développe sous mille formes diverses une puissance qui équivaut au travail continu de 4 163 chevaux-vapeur. Sur la Terre entière, c'est un travail de 510 sextillions de kilogrammètres, ou de 217 316 000 000 000 chevaux-vapeur.

543 milliards de machines, chacune d'une force effective de 400 chevaux, travaillant sans relâche le jour et la nuit, voilà donc ce que vaut pour notre planète seule la radiation solaire!

Une partie de cette puissance est employée à échauffer l'écorce terrestre jusqu'à une certaine profondeur; mais, comme le sol et l'atmosphère rayonnent dans l'espace, et que le globe terrestre ne paraît perdre ni gagner au point de vue de la température moyenne, au moins pendant de longues périodes d'années, toute cette partie de la radiation du Soleil peut être considérée comme maintenant l'équilibre de température sur la planète.

Une autre partie se transforme en mouvements moléculaires, en actions et réactions chimiques, qui sont la source où la vie des végétaux et des animaux puise incessamment de quoi se perpétuer et s'entretenir. La chaleur qui semble ainsi propre à ces êtres n'est autre chose qu'une émanation de celle du foyer commun. « C'est ainsi, dit Tyndall à ce propos, que nous sommes, non plus dans un sens poétique, mais dans un sens purement mécanique, des enfants du Soleil. » Plus loin, nous appuierons davantage sur ce côté intéressant de l'action solaire.

Enfin, la radiation calorifique du Soleil concourt à la production de la plupart des phénomènes de mouvement, sensibles à la vue, dont le sol, l'air et les eaux sont le théâtre continuel. C'est ce qu'il est aisé d'établir.

A quelle cause, en effet, sont dus les courants aériens, les mouvements réguliers ou irréguliers dont les masses gazeuses de l'atmosphère sont animées? A la chaleur solaire qui directement échauffe peu les couches atmosphériques, mais qui, dardant à plomb sur le sol des régions tropicales, élève plus fortement qu'aux autres latitudes sa température. Les couches d'air les plus basses, en contact avec le sol, s'échauffent, se dilatent, et l'air raréfié dont elles se composent monte pour se déverser au nord et au sud vers les latitudes plus septentrionales, tandis qu'elles sont remplacées par les masses d'air plus froides que fournissent les régions tempérées et polaires. Ainsi naissent les vents réguliers connus sous le nom d'alizés, dont la direction d'ailleurs est modifiée par le mouvement de rotation de la Terre.

Deux fleuves aériens coulent ainsi incessamment,

dans chaque hémisphère, de l'équateur vers chaque pôle : l'un supérieur, se dirigeant vers le nord-est dans l'hémisphère boréal, vers le sud-est dans l'hémisphère austral; l'autre inférieur, ayant une direction précisément contraire, par conséquent soufflant du nord-est ou du sud-est. « Ainsi naissent les grands vents de notre atmosphère, matériellement modifiés toutefois par la distribution irrégulière des terres et des eaux. Des vents de moindre importance naissent aussi de l'action locale de la chaleur, du froid et de l'évaporation. Il est des vents produits par l'échauffement de l'air dans les vallées des Alpes, qui quelquefois s'élancent avec une violence soudaine et destructive à travers les gorges des montagnes. Il est des bouffées agréables d'air descendant, produites par la présence des glaciers sur les hauteurs. Il est des brises de terre et des brises de mer dues aux variations de température du sol du rivage, pendant le jour et la nuit. Le Soleil du matin, échauffant la terre, détermine un déplacement vertical d'air, que l'air plus froid de la mer vient compenser en soufflant vers la terre. Le soir, la terre est plus refroidie par le rayonnement que les eaux de la mer, et les conditions sont interverties : c'est l'air plus froid et plus lourd des côtes qui souffle alors vers la mer. » (Tyndall.)

Les vents, comme on voit, ont tous pour origine première la chaleur du Soleil, qui s'exerce inégalement dans les diverses régions de la surface du sol terrestre, suivant la position de l'astre, position qui d'ailleurs varie sans cesse avec l'heure du jour et l'époque de l'année. La rotation et la translation de la Terre concourent donc avec la radiation calo-

rifique solaire pour déterminer les courants atmosphériques. Ainsi se dépense sous forme de mouvement sensible une partie de la puissance mécanique
que recèlent les ondulations éthérées émanant du
Soleil.

Ce n'est pas tout. Les alternatives d'échauffement
et de refroidissement du sol et des masses atmosphériques produisent, tantôt une évaporation de
l'eau des mers, des rivières et des lacs, tantôt une
condensation de la vapeur d'eau que contient l'atmosphère. Les vésicules qui forment les nuages,
refroidies, se réunissent en gouttes que leur poids
précipite à la surface du sol, et l'on a la pluie. Se
refroidissent-elles plus encore, elles se congèlent et
tombent sous forme de neige, s'accumulant principalement sur les sommets des montagnes : dans les
hautes régions, les neiges forment les glaciers. La
chaleur du Soleil liquéfie de nouveau l'eau congelée
dans les champs de neige et les glaciers ; les ruisseaux et les sources descendent sous l'influence de
la pesanteur, se réunissent avec les eaux des pluies,
forment les rivières et les fleuves, et retournent
ainsi dans l'Océan d'où la chaleur du Soleil les avait
fait sortir.

Ainsi la circulation des eaux comme celle des
masses aériennes, ces mouvements incessants si in-
dispensables à l'entretien de la vie à la surface du
globe, puisent la force qui leur donne naissance en
partie dans la puissance mécanique de la chaleur
solaire, en partie dans la gravité de la masse terrestre.

D'autres courants liquides, ceux qui sillonnent les
mers, depuis l'équateur jusqu'aux pôles, sont pro-

duits de la même façon : les températures inégales donnent lieu à d'inégales dilatations et à des mouvements ascendants et descendants des couches liquides; l'évaporation produit un effet inverse en augmentant le degré de salure dans les points où la chaleur la rend plus forte, c'est-à-dire dans les régions de la zone équatoriale : de là des différences dans la densité et des mouvements ou courants qui en sont la conséquence.

La quantité de mouvement engendrée ainsi d'une manière continue par la chaleur solaire à la surface du globe terrestre est immense. Elle ne se borne point à la circulation aérienne, fluviale et océanique, ou, du moins, cette circulation même donne lieu à des modifications incessantes dans la croûte solide du globe. Une dégradation lente et continue des roches, des transports de matière, sables, graviers, terres, change d'année en année, de siècle en siècle, la forme des rivages, le relief des collines et des montagnes. Et c'est encore la puissance mécanique de la chaleur solaire qui est la cause première de ces transformations.

§ 3. — LES RADIATIONS CHIMIQUES DU SOLEIL.

Combinaisons et décompositions chimiques produites par la lumière solaire.

Ce n'est pas seulement sous forme de lumière et de chaleur que le Soleil verse périodiquement sur la Terre ses puissantes et fécondes effluves : la présence de ses rayons se manifeste encore sous une forme moins apparente, mais non moins efficace, non moins propre à modifier les corps soumis à leur

action : une multitude de combinaisons et de décompositions chimiques s'effectuent sous leur influence.

Ce mode d'activité des radiations solaires a été
mis en évidence, pour la première fois, par Scheele
en 1770 : ce savant découvrit que le chlorure d'argent exposé à la lumière du Soleil prend une teinte
noire violacée. Depuis, le phénomène a été étudié et
expliqué : ce n'est autre chose qu'une décomposition
chimique du chlorure d'argent en ses deux éléments,
l'argent métallique et le chlore. Le chlorure d'argent n'est pas d'ailleurs le seul composé chimique
que la lumière solaire ait la propriété de réduire :
l'azotate d'argent, le chlorure d'or, et en général les
chlorures, les bromures, les iodures des métaux les
moins oxydables, comme l'or, le mercure, l'argent,
le platine, sont dans le même cas. Sous l'action prolongée des rayons du Soleil, l'acide azotique con-
centré qui est, comme on sait, parfaitement incolore,
jaunit en perdant de l'oxygène et dégage des vapeurs rutilantes, et la même action réductrice a lieu
pour d'autres combinaisons oxygénées placées dans
les mêmes circonstances.

Une expérience bien connue de tous ceux qui ont
étudié la chimie démontre un autre mode d'action de
la lumière du Soleil. On sait combien est grande l'affinité du chlore pour l'hydrogène : un mélange de ces
deux gaz, à volume égal, donne lieu à la formation
de l'acide chlorhydrique ; il suffit d'approcher une
allumette enflammée de l'ouverture du flacon qui
le renferme. Une vive détonation annonce aussitôt
la combinaison des gaz. Mais la lumière produit le
même effet que la chaleur, et si l'on jette en l'air,

en un endroit éclairé par le Soleil, le ballon qui contient le mélange détonant, une explosion violente a lieu et le vase se brise en mille pièces, avant de retomber sur le sol. Ainsi la lumière du Soleil, que nous avons vue plus haut déterminer des décompositions chimiques, provoque aussi des combinaisons. Celle que nous venons de rapporter n'est pas la seule : le brome se conduit comme le chlore, quand on l'expose aux rayons solaires en présence d'un composé hydrogéné. La résine de gaïac s'oxyde à la lumière du Soleil, et de blanche qu'était sa couleur, elle passe au bleu foncé.

Tout le monde connaît le procédé de blanchiment des toiles écrues, qui consiste à étaler le tissu sur l'herbe à la lumière du Soleil : c'est une oxydation lente de la matière organique due à l'action des rayons solaires.

L'art aujourd'hui si répandu de la daguerréotypie et de la photographie est basé sur l'influence de la radiation du Soleil sur certaines substances impressionnables. Bien plus, une branche toute nouvelle de la science, la photochimie, est née des recherches qu'on a faites sur l'action chimique des sources lumineuses, parmi lesquelles la lumière solaire est au premier rang par son importance.

Analyse des radiations solaires. — Étude de l'intensité lumineuse, calorifique et chimique des diverses régions du spectre.

Tout le monde sait aujourd'hui que la lumière blanche du Soleil est un composé d'un grand nombre de nuances, parmi lesquelles on distingue sept couleurs principales, le rouge, l'orangé, le jaune, le vert, le bleu, l'indigo et le violet. Le faisceau de lumière blanche qui traverse un prisme se transforme, après son passage dans le milieu réfringent, en une image allongée teinte des couleurs et des nuances dont il est question, et qu'on nomme le spectre. C'est le phénomène de la dispersion des rayons colorés [1].

L'analyse des diverses sources lumineuses, de leurs spectres, a révélé un grand nombre de phénomènes de la plus haute importance; mais ici nous devons nous borner à rappeler ce qui concerne les radiations solaires, et notamment le fait de la distinction entre les rayons qui composent le spectre particulier à cette source, au point de vue de leurs effets calorifiques, lumineux et chimiques.

Quand nous recevons sur un point un faisceau de rayons solaires avant toute décomposition, tous ces effets se réunissent, et nous constatons à la fois l'action lumineuse, l'action calorifique, l'action chimique; toutes les ondes qui participent à ces modes divers d'influence se pénètrent et se confondent. Mais le même faisceau étalé sous la forme de spectre, d'un long ruban où les rayons se rangent d'après l'ordre de leur réfrangibilité, où les diverses ondes se séparent d'après leurs amplitudes ou, ce qui revient au même, d'après la vitesse de vibrations qui les caractérise, a pu être étudié au triple point de vue que nous venons d'indiquer.

Dès 1800, W. Herschel reconnut que les diverses régions du spectre solaire ont des pouvoirs calorifi-

1. Pour plus de détails sur ce sujet si curieux, nous nous permettrons de renvoyer le lecteur à notre ouvrages *les Phénomènes de la Physique*, liv. III.

ques différents ; que ces pouvoirs vont en croissant du violet au rouge, et qu'au-delà du rouge ils s'élèvent encore pour diminuer à une assez grande distance de la partie visible. Ainsi, ce ne sont pas les rayons lumineux qui sont les plus chauds, et, dans les radiations solaires, il en est qui, incapables d'agir sur l'œil pour donner la sensation de la lumière, produisent néanmoins de la chaleur ; outre la partie visible du spectre, il y a une partie invisible ou obscure au-delà du rouge où se trouve le maximum de l'action calorifique.

Quand Scheele découvrit, en 1781, l'action réductrice de la lumière du Soleil sur le chlorure d'argent, il reconnut que ce composé noircit surtout dans la partie violette extrême du spectre. Wollaston alla plus loin : il trouva au-delà du violet, jusqu'à une distance au moins égale à celle du violet au rouge, toute une région également invisible du spectre qui agit chimiquement sur certaines substances, les réduit ou les oxyde. M. Edmond Becquerel a analysé les radiations ultra-violettes du spectre solaire, et reconnu que cette partie invisible du spectre est sillonnée, comme la partie lumineuse, d'une multitude de raies indiquant les points où des rayons sont absorbés.

En résumé, le spectre solaire semble formé de trois parties superposées : l'une renferme tous les rayons qui agissent sur notre rétine et donnent la sensation de la lumière ; c'est la partie visible et colorée du spectre qui a son maximum d'intensité entre les raies D et E de Fraunhofer ; la seconde est la région des rayons calorifiques qui part du violet, où elle est d'une intensité minimum, et dépasse le rouge ex-

trême, au-delà duquel elle atteint son maximum ;
enfin la troisième, qui ne commence à être un peu

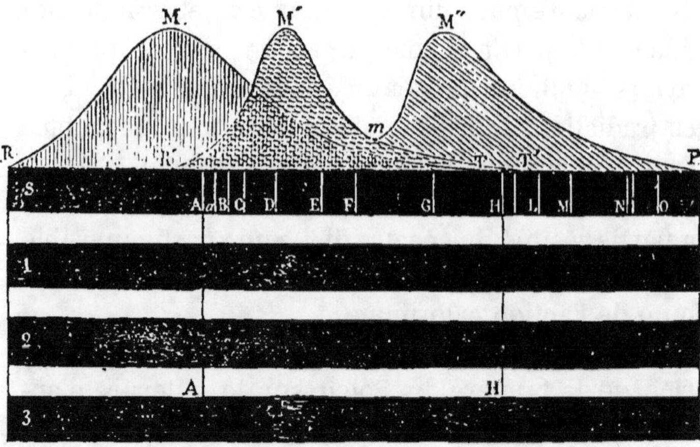

Fig. 4. — Spectres calorifiques, lumineux et chimiques de la lumière
solaire : 1. Spectre lumineux, R M T ; 2. Spectre calorifique R' M' T';
3. Spectre chimique R' M' M'' P.

vive qu'à partir du bleu, va en croissant jusque dans
le voisinage du violet extrême et se continue au-
delà de la partie visible : l'endroit où a lieu l'intensité maximum varie selon les substances qui sont
chimiquement impressionnées [1].

Du reste, ce sont les mêmes ondes, les mêmes
vibrations plus ou moins rapides qui produisent ces
effets variés : il n'y a, dans les radiations solaires,
d'autres différences que les amplitudes ou longueurs
d'onde, qui là sont susceptibles de produire de la
chaleur, là des effets de lumière et de couleur, là
des combinaisons et des décompositions chimiques.

1. Dans la figure 4, la courbe des intensités chimiques est
celle qui correspond à l'impression de la lumière sur une
plaque d'argent recouverte d'iode par le procédé de Da-
guerre.

Comme on a cherché à mesurer l'intensité de la lumière et celle de la chaleur du Soleil à la surface de la Terre, on a aussi calculé l'intensité de ses radiations chimiques. Deux chimistes contemporains, Bunsen et Roscoe, ont trouvé que la puissance du Soleil, à ce point de vue, peut se mesurer par un volume de gaz hydrogène et de chlore mêlés que renfermerait une couche de 35 mètres d'épaisseur enveloppant toute la Terre : en une minute, l'action des rayons solaires suffirait à transformer cette couche entière en gaz acide chlorhydrique. Là, comme pour la chaleur ou pour la lumière, l'atmosphère a une influence absorbante : sous l'inclinaison normale, la couche d'acide chlorhydrique formée ne serait plus que de 17 mètres ; elle serait réduite à 11 mètres, si les rayons du Soleil parvenaient à elle après avoir traversé l'atmosphère sous une incidence de 45°.

En une année, la couche de gaz acide chlorhydrique que les radiations chimiques du Soleil auraient la puissance de combiner, sur toute la surface du globe terrestre, atteindrait une épaisseur de 4 600 kilomètres. Convertie en chaleur, cette puissance donnerait plus de 4 000 fois le nombre de calories provenant de la radiation calorifique du Soleil, et on a vu plus haut cependant quelle énorme quantité de chaleur le globe terrestre reçoit directement dans le cours d'une année.

Nous savons maintenant quelle est la puissance des radiations solaires, tant calorifiques et lumineuses que chimiques. Il nous reste à tracer le tableau de l'influence que le Soleil exerce par cette triple action sur les êtres organisés qui vivent à la surface de la Terre.

CHAPITRE II

INFLUENCES DU SOLEIL SUR LES ÊTRES VIVANTS

Action de la lumière solaire sur les plantes. — Élimination d'oxygène et fixation du carbone. — Végétation dans l'obscurité. — Influence indirecte de la lumière sur les fleurs. — Les végétaux sont des êtres tissés d'air par le Soleil.

Quelle est l'influence de la chaleur solaire, au point de vue purement mécanique, sur le globe terrestre? Nous l'avons vu plus haut. Nous savons que cette chaleur est la cause déterminante des mouvements de l'atmosphère, des grands courants océaniques ; c'est elle qui élève dans l'atmosphère en forme de vapeur l'eau du sol, celle de la mer et des fleuves, et la fait retomber ensuite sous forme de pluie, de grêle, de neige. La force qui, dans les ouragans, brise et déracine les arbres, est empruntée au Soleil ; c'est une transformation des vibrations calorifiques de sa masse en un mouvement de transport des molécules gazeuses qui composent les couches atmosphériques.

Dans les phénomènes de l'ordre purement physique, la transformation de la puissance inhérente aux radiations solaires est directe, pour ainsi dire ; les ondulations provoquées dans l'éther par les vibrations de la masse du Soleil, après s'être propagées depuis le foyer jusqu'à notre planète avec la vitesse de 300 000 kilomètres par seconde, communiquent aux molécules de l'air le mouvement intime qui se manifeste à nos yeux par une dilatation et détermine un changement de densité dans la masse. L'équilibre des diverses couches est détruit, et la pesanteur qui tend à le rétablir fait le reste : le mouvement moléculaire se change en un mouvement de masse.

Sans doute la chaleur solaire a encore sur le globe un autre genre d'influence ; depuis Ampère, les physiciens considèrent les courants magnétiques qui sillonnent le globe terrestre comme des courants thermo-électriques, engendrés par l'inégale distribution de la chaleur solaire à la surface, ou par l'action du noyau en fusion sur la croûte solide du sphéroïde. Il paraît certain, en tout cas, que les variations diurnes, mensuelles et annuelles de l'aiguille aimantée sont liées à la marche du Soleil. Telle est, sommairement esquissée, l'influence de l'astre sur les corps inorganiques, et par suite, sur les milieux où naissent, vivent et meurent les êtres organisés. Entrons maintenant dans quelques détails relatifs à l'influence du Soleil sur la vie elle-même.

L'action bienfaisante, féconde des radiations solaires sur les êtres vivants, sur les végétaux comme sur les animaux, est si évidente, si connue et appréciée de tout le monde dans ses résultats, qu'il semble superflu de développer une thèse qui ne peut avoir de contradicteurs. Mais ce qu'on sait moins, c'est comment a lieu cette action, ce qu'on ignore plus

généralement, c'est par quelle chaîne de phénomènes intermédiaires les ondulations calorifiques,
lumineuses et chimiques arrivent à modifier les êtres
organisés, à entretenir chez eux la source de la vie.

Il y a un siècle environ que Bonnet et Priestley re-
connurent que les parties vertes des plantes donnent
naissance à un gaz propre à la combustion, à l'oxygène. Après eux, Ingenhouz reconnut que cet oxygène se dégage seulement là où les parties vertes
sont exposées à la lumière du Soleil ; dans l'obscurité, elles exhalent au contraire de l'acide carbonique. Il restait à savoir d'où vient l'oxygène dégagé
sous l'influence des rayons lumineux. C'est ce que
sut découvrir Sennebier, et la science fut enfin en
possession de cette vérité fondamentale : les parties
vertes des plantes, exposées aux rayons directs de
la lumière solaire, décomposent le gaz acide carbonique contenu dans l'air, fixent dans leur substance
le carbone et laissent en liberté une quantité équivalente d'oxygène, celle qui combinée avec le carbone formait l'acide carbonique. Au contraire, dans
l'obscurité, l'oxygène de l'air est en partie absorbé
par la plante, et il se dégage de l'acide carbonique
provenant de l'oxydation d'une portion du carbone
de la plante.

Ce n'est pas tout. On sait encore, grâce aux
expériences d'un savant américain, Draper, que cette
décomposition de l'acide carbonique par les plantes
ne se produit que sous l'influence des rayons lumineux : ni les rayons purement calorifiques, ni les
rayons chimiques n'agissent sur l'élimination de
l'oxygène; « mais il ne faut pas se hâter de conclure,
dit J. Sachs dans son traité de *Physiologie végétale*,

que les rayons chimiques jouent un rôle absolument nul sur la nutrition de la plante : pour arriver à l'assimilation complète, il y a bien d'autres pas à faire que l'élimination de l'oxygène. » Aussi, les nuages viennent-ils à intercepter la lumière du Soleil, le dégagement d'oxygène subit un ralentissement marqué : il en est de même pendant le crépuscule, et si l'atmosphère est un instant privée complétement de la lumière solaire, comme dans les éclipses totales, les phénomènes de la végétation s'accomplissent comme pendant la nuit; il y a dégagement d'acide carbonique.

Les divers rayons colorés n'ont pas du reste la même influence réductrice sur l'acide carbonique de l'air : d'après les travaux de Daubeny, Hunt, Draper, et de récentes expériences dues à M. Cailletet, ce sont les couleurs les plus actives au point de vue chimique, le violet, le bleu, mais surtout le vert, qui favorisent le moins cette décomposition. Il semble que, sous les rayons verts, les feuilles produisent au contraire une nouvelle quantité d'acide. Cela expliquerait dans une certaine mesure ce fait bien connu que, sous les grands arbres, la végétation est languissante, chétive, alors même que l'ombre portée est peu intense.

La chaleur, dans cette fonction importante de la végétation, ne peut, nous venons de le dire, suppléer la lumière [1]. Une plante qu'on renferme dans un

---

[1] « Par l'influence de la lumière, a fait observer avec raison Moleschott, les nuits resplendissantes des régions polaires mûrissent en peu de temps les moissons, tandis que plusieurs journées de notre chaleur estivale sont loin d'y suffire. »

endroit obscur, alors même que l'espace où elle se trouve jouit d'une température suffisante, devient chlorotique ; sa coloration verte disparaît ; elle ne vit ni ne s'accroît plus qu'en consommant sa propre substance. M. Boussingault a étudié récemment la végétation dans l'obscurité : ses expériences prouvent que si on laisse développer l'embryon d'une semence à l'abri de toute lumière, les feuilles ne fonctionnent plus comme appareil réducteur ; la plante née dans une telle situation émet incessamment de l'acide carbonique, tant que les matières contenues dans la graine fournissent du carbone, et la durée de son existence dépend dès lors du poids de ces matières. Chose singulière, dans l'obscurité absolue, une plante développée ayant tige, feuilles, racines, se comporte comme un animal pendant toute la durée de son existence.

« Ce n'est que sous l'influence de la lumière que les feuilles soit sensitives, soit douées d'un mouvement périodique, sont mobiles. Dans l'obscurité, elles sont rigides et comme endormies. » (J. Sachs, *Physiologie végétale*.)

Enfin, si le développement des diverses couleurs dans les fleurs est indépendant de l'action locale de la lumière, celle-ci n'en est pas moins d'une façon indirecte l'agent indispensable de la formation et de la coloration des fleurs, puisque la corolle et les étamines « ne croissent et ne subsistent qu'aux dépens de substances qui prennent naissance dans les feuilles sous l'influence de la lumière. » (Id., *ibid.*)

« Feuilles, fleurs, fruits sont donc des êtres tissés d'air par la lumière. Lorsque nous contemplons leurs éclatantes couleurs et que de doux parfums

font naître une satisfaction sereine dans l'âme poétique qui sommeille intérieurement chez tous les
hommes, c'est encore la lumière qui est la mère de la
couleur et du parfum. » (Moleschott. *Vie et Lumière*.)
Ne confondons pas toutefois ces deux phénomènes,
la coloration des plantes et leurs propriétés odo-
rantes ; tandis que la coloration verte est la conséquence d'une exhalation d'oxygène, c'est au contraire
par une oxydation que se forment les huiles essentielles productrices du parfum. Mais cette oxydation
est elle-même activée par la lumière solaire ; de là
vient que nombre de fleurs qui embaument l'air
pendant le jour perdent leur odeur dans l'obscurité.

**Influence des radiations solaires sur la vie des animaux. —
La santé de l'homme et le séjour à la campagne.**

Si les radiations solaires, et parmi elles les radiations lumineuses, jouent un rôle si important dans
l'acte de la végétation, elles ne sont pas moins utiles
aux animaux. Indirectement elles leur sont nécessaires, puisqu'en dernière analyse, c'est le règne végétal
qui est la base de l'alimentation du règne animal. Mais
l'expérience de tous les jours nous apprend quelle
est l'influence de la lumière du Soleil sur *la* santé
des animaux et de l'homme : il suffit de comparer
ceux qui passent une notable partie de leur existence
en plein air, au beau soleil, avec ceux qui vivent dans
les lieux obscurs, dans les rues étroites des grandes
villes. Les habitations mal éclairées, outre qu'elles
sont en même temps mal aérées, froides, humides,
sont malsaines par cela seul qu'elles ne sont point
vivifiées par les rayons solaires. Mais le mode d'ac-

tion des ces rayons est tout différent de celui qu'ils exercent sur les végétaux. Les animaux consomment, par l'acte de la respiration, de l'oxygène, et exhalent de l'acide carbonique, et cela aussi bien le jour que la nuit, bien que la respiration nocturne fournisse une moindre quantité de ce dernier gaz que la respiration diurne. Il résulte de là que les animaux produisent précisément le gaz nécessaire à la nutrition des plantes, et celles-ci le gaz que les animaux consomment en respirant. Il n'est donc pas étonnant que le séjour dans une verte campagne, que les promenades pendant le jour au milieu des bois soient si salutaires à la santé. Les feuilles des arbres, l'herbe des prés, toutes les plantes qui couvrent la terre exhalent de l'oxygène en abondance; on y respire donc à pleins poumons l'air le plus pur, le plus vivifiant.

Moleschott a fait de nombreuses expériences prouvant que, toutes choses égales d'ailleurs, chaleur, pression atmosphérique, nourriture, etc., la quantité d'acide carbonique exhalé par un animal augmente avec l'intensité lumineuse, et atteint sa limite inférieure dans l'obscurité complète, « ce qui revient à dire, ajoute ce savant, que la lumière du Soleil accélère le travail moléculaire chez les animaux. »

Ainsi les rayons du Soleil sont, à tous les points du vue, une condition première de l'existence des êtres organisés à la surface de la Terre. Ils leur fournissent la chaleur, sans laquelle la vie serait bientôt éteinte, la lumière qui préside à la nutrition des plantes, et par là même à celle de tous les individus du règne animal; ils agissent, par une influence de tous les instants, comme causes déterminantes de nombreuses combinaisons et décompositions chimiques. C'est une source incessamment et périodiquement renouvelée de mouvement, de puissance, de vie. Les générations humaines actuelles profitent, non-seulement de la prodigieuse quantité de force que le Soleil verse annuellement sur la Terre, sous forme d'ondulations calorifiques, chimiques et lumineuses, mais elles consomment encore la réserve qu'ont accumulée les siècles. Que sont, en effet, les couches de houille ensevelies sous terre par les évolutions géologiques, sinon le produit de la lumière solaire qui s'est condensée, il a quelque cent mille années, en forêts gigantesques? Le carbone transformé par une sorte de distillation lente s'aggloméra d'abord en tissu tourbeux, puis en roches de compacité croissante, jusqu'à ce que les couches de détritus végétaux fussent totalement transformées en lits de houilles fossiles. Aujourd'hui, dans les usines, les locomotives et les machines des steamer, ces précieux fossiles rendent à l'homme, en lumière, en chaleur et finalement en force mécanique, tout ce qu'ils avaient accaparé, il y a des milliers de siècles, de la puissance contenue dans la radiation solaire.

Influence du Soleil sur le globe terrestre. — Résumé : une page de *la Chaleur* de Tyndall. — Conceptions religieuses des Aryas, d'après E. Burnouf.

La page suivante empruntée à un physicien anglais contemporain, Tyndall, résume admirablement tout ce que nous avons dit du rôle des radiations solaires :

« Autant il est certain que la force qui met la montre en mouvement dérive de la main qui l'a remontée, autant il est certain que toute puissance terrestre découle du Soleil. Sans tenir compte des éruptions des volcans, du flux et du reflux des mers, chaque action mécanique exercée à la surface de la Terre, chaque manifestation de puissance, organique et inorganique, vitale ou physique, a son origine dans le Soleil. Sa chaleur maintient la mer à l'état liquide, et l'atmosphère à l'état gazeux; et toutes les tempêtes qui les agitent l'une et l'autre sont soufflées par sa force mécanique. Il attache au flanc des montagnes les sources des rivières et les glaciers; et, par conséquent, les cataractes et les avalanches se précipitent avec une énergie qu'elles tiennent immédiatement de lui. Le tonnerre et les éclairs sont à leur tour une manifestation de sa puissance. Tout feu qui brûle et toute flamme qui brille dispensent une lumière et une chaleur qui a appartenu originairement au Soleil. A l'époque où nous sommes, hélas! force nous est de nous familiariser avec les nouvelles des champs de bataille; or, chaque charge de cavalerie, chaque choc entre deux corps d'armée est l'emploi ou l'abus de la force mécanique du Soleil. Le Soleil vient à nous sous forme de chaleur, il nous quitte sous forme de chaleur; mais, entre son arrivée et son départ, il a fait naître les puissances variées de notre globe. Toutes sont des formes spéciales de la puissance solaire, autant de moules dans lesquels celle-ci est entrée temporairement, en allant de sa source vers l'infini.

« Présentées à notre esprit sous leur véritable aspect, les découvertes et les généralisations de la

science moderne constituent donc le plus sublime
des poèmes qui se soit jamais offert à l'intelligence
et à l'imagination de l'homme. Le physicien de nos
jours est sans cesse en contact avec un merveilleux
qui ferait pâlir celui de Milton; merveilleux si gran-
diose et si sublime que celui qui s'y livre a besoin
d'une certaine force de caractère pour se préserver
de l'éblouissement. Considérez l'ensemble des énergies de notre monde, la puissance emmagasinée
dans nos houillères, nos vents et nos fleuves, nos
flottes, nos armées et nos canons. Qu'est-ce que tout
cela? Une fraction de l'énergie du Soleil au plus égale
à un 2 150 000 000ᵉ de l'énergie totale. Telle est en
effet la portion de la force solaire absorbée par la
Terre, et encore nous ne convertissons qu'une
minime fraction de cette fraction en pouvoir mécanique : en multipliant toutes nos énergies par des
millions de millions, nous n'arriverons pas à représenter la dépense totale de chaleur du Soleil. »

En présence de ces déductions de la science, désormais irréfragablement prouvées, et que ses progrès ultérieurs ne peuvent que développer et étendre,
il est impossible de n'être point frappé de l'accord
qu'elles présentent avec les conceptions religieuses
primitives qui sont le fonds et la substance de toutes
les religions et de tous les cultes, anciens et modernes. L'adoration du feu, le culte du Soleil étaient
des traductions naïves d'une idée profondément
vraie, celle que toute puissance terrestre, mouvement, vie, pensée, a son origine dans les triples radiations calorifiques, lumineuses et chimiques du
Soleil. M. Burnouf, dans ses savantes études sur la

science des religions, met cette vérité dans une pleine évidence. Citons-en quelques passages [1] :

« En regardant autour d'eux, dit-il, les hommes d'alors (les Aryas) s'aperçurent que tous les mouvements des choses inanimées qui s'opèrent à la surface de la Terre procèdent de la chaleur, qui se manifeste elle-même, soit sous la forme du feu qui brûle, soit sous la forme de la foudre, soit enfin sous celle du vent ; mais la foudre est un feu caché dans le nuage et qui s'élève avec lui dans les airs, le feu qui brûle est avant de se manifester renfermé dans les matières végétales qui lui serviront d'aliment, enfin le vent se produit quand l'air est mis en mouvement par une chaleur qui le raréfie ou qui le condense en se retirant. A leur tour les végétaux tirent leur combustibilité du Soleil, qui les fait croître en accumulant en eux sa chaleur, et l'air est échauffé par les rayons du Soleil ; ce sont ces mêmes rayons qui réduisent les eaux terrestres en vapeurs invisibles, puis en nuages portant la foudre. Les nuées répandent la pluie, font les rivières, alimentent les mers que les vents agités tourmentent. Ainsi toute cette mobilité qui anime la nature autour de nous est l'œuvre de la chaleur, et la chaleur procède du Soleil, qui est à la fois « le voyageur céleste » et le moteur universel.

« La vie aussi leur parut étroitement liée à l'idée de feu... Le grand phénomène de l'accumulation de la chaleur solaire dans les plantes, phénomène que la science a depuis peu mis en lumière, fut aperçu de très-bonne heure par les anciens hommes ; il est

---

1. Voir la *Revue des Deux-Mondes* du 15 avril 1868.

plusieurs fois signalé dans le Véda en termes expressifs.... Quand ils allumaient le bois du foyer, ils savaient qu'ils ne faisaient que le « forcer » à rendre le feu qu'il avait reçu du Soleil. Quand leur attention se porta sur les animaux, l'étroit lien qui unit entre elles la chaleur et la vie leur apparut dans toute sa force : la chaleur entretient la vie ; ils ne trouvaient pas d'animaux vivants chez qui la vie existât sans la chaleur; ils voyaient au contraire l'énergie vitale se déployer dans la proportion où l'animal participait à la chaleur et diminuer avec elle.... La vie n'existe et ne se perpétue sur la terre qu'à trois conditions, c'est que le feu pénètre les corps sous ses trois formes, dont une réside dans les rayons du Soleil, une autre dans les aliments ignés et la troisième dans la respiration qui est l'air renouvelé par le mouvement. Or, ces deux dernières procèdent chacune à sa manière du Soleil (sûrya); son feu céleste est donc le moteur universel et le père de la vie : celui qu'il engendra le premier, c'est le feu d'ici-bas (*agni*), né de ses rayons, et son second coopérateur éternel est l'air mis en mouvement, qu'on appelle aussi le vent ou l'esprit (*vâyu*). »

Enfin « nulle part la pensée ne se manifeste sans la vie. De plus, elle ne se voit que chez les êtres où la vie se rencontre à un degré supérieur d'énergie, chez les animaux. Or, quand un animal est atteint par la mort, ses membres fléchissent, il tombe à terre, devient immobile, perd la respiration et la chaleur; avec sa vie, sa pensée se dérobe. Si c'est un homme, tous ses sens étant anéantis, il n'est plus possible de tirer de sa bouche pâle et glacée aucune parole, de sa poitrine affaissée aucun son exprimant la joie ou la douleur ; sa main ne presse plus celle que lui tend un ami, un père, un enfant ; tout signe d'intelligence et de sentiment a cessé. Bientôt son corps se décompose, se fond, s'évapore, et il ne reste sur la terre qu'une tache noire et des os blanchis. Quant à la pensée, où est-elle ? Si l'expérience la montre indissolublement attachée à la vie, de telle sorte que là où la pensée cesse la vie s'éteint, on peut croire que la pensée a la même destinée que la vie, ou plutôt que le principe qui pense est identique au principe vivant et ne forme jamais avec lui une dualité ; mais la vie, c'est la chaleur, et la chaleur tire son origine du Soleil. Le feu est donc à la fois le moteur des choses, l'agent de la vie et le principe de la pensée. »

Sans nul doute, les auteurs de ces spéculations sur les premiers principes des choses ne concevaient point leurs propres idées avec cette clarté que permet, dans l'état actuel des connaissances, le tour analytique de l'esprit moderne. Mais n'est-ce pas néanmoins chose merveilleuse de voir le cercle ouvert, il y a des milliers d'années, par l'intuition, fermé aujourd'hui par la science ?

CHAPITRE III

LE SOLEIL DANS LE MONDE PLANÉTAIRE

§ 1. — POSITION ET RÔLE DU SOLEIL DANS LE SYSTÈME PLANÉTAIRE.

Mouvement diurne apparent du Soleil ; lever, coucher, passage au méridien. — Mouvement apparent de translation annuelle ; réalité des mouvements de la Terre. — Le Soleil est le foyer commun des orbites des planètes. — Énumération des trois groupes de planètes du monde solaire et de leurs satellites.

Ce qu'est le Soleil pour la Terre, pour les êtres animés qui en peuplent la surface, nous venons de le voir : sa chaleur, sa lumière, l'activité chimique de ses rayons, ces conditions essentielles de tout mouvement, de toute vie animale ou végétale, nous les avons étudiées, sans connaître par elle-même la source d'où elles émanent incessamment, sans savoir ce qu'est l'astre qui nous communique ainsi comme une parcelle de sa puissance. C'est la physique seule que nous avons interrogée jusqu'ici ; et déjà, à l'aide de cette science, nous avons pu soulever un coin du voile qui nous dérobe la cause de l'influence du Soleil, influence au demeurant bienfaisante et féconde. Les effets eux-mêmes, avant qu'on les eût soumis à une étude rigoureuse, étaient fort imparfaitement connus de tous ; désormais, on peut dire de quelle manière se lient les principaux d'entre eux aux divers ordres de radiations solaires : on sait quels rôles différents jouent les rayons du Soleil, selon qu'ils se manifestent à nous comme lumière, comme chaleur, ou enfin comme agents d'activité chimique.

Maintenant nous devons aller plus loin et faire appel à un autre ordre de connaissances. Adressons-nous à l'astronomie, et demandons-lui, non plus quelle fonction remplit le Soleil à la surface de la Terre, mais ce qu'il est dans le ciel, à quelle distance il se trouve et de notre globe et des autres astres, quelles sont ses dimensions, quelle est sa forme, quels sont ses mouvements, quelle est, en un mot, sa constitution physique. Plusieurs de ces questions sont aujourd'hui résolues, d'autres sont pendantes entre des hypothèses encore dépourvues de preuves suffisamment concluantes, d'autres enfin sont à peine entrevues comme susceptibles d'une solution plus ou moins lointaine.

A la vérité, le nombre est bien petit des esprits qui se préoccupent de tels problèmes. On voit le Soleil tous les jours ou à peu près, se levant, se couchant, parcourant son cercle journalier, plus ou moins haut, selon les saisons ; on l'accueille avec joie, ou on le subit avec peine, en se plaignant de l'ardeur de ses rayons ; mais c'est tout. On passe sa vie entière sans se demander le comment ni le pourquoi de tant de phénomènes que leur retour régulier, perpétuel finit par rendre vulgaires. Il en est du reste de ceci comme de bien d'autres choses qui n'excitent la curiosité qu'après réflexion, ainsi que l'exprimait fort bien d'Alembert dans l'*Encyclopédie*. « Ce n'est pas sans raison, dit-il, que les philosophes s'étonnent de voir tomber une pierre, et le peuple, qui rit de leur étonnement, le partage bientôt lui-même, pour peu qu'il réfléchisse. » Réfléchissons un peu, en observant ce qui se passe autour de nous ; interrogeons les phénomènes, et nous aurons souvent lieu de nous étonner comme les philosophes.

Commençons par indiquer nettement la position du Soleil relativement à la Terre et aux astres semblables à la Terre, c'est-à-dire par rapport aux planètes.

Nous voyons tous les jours de l'année, dans nos latitudes, le Soleil se lever à l'horizon oriental, s'élever peu à peu dans le ciel, jusqu'à une hauteur maximum qui varie selon le jour de l'année, mais qui, chaque fois, marque le midi au milieu du jour ; puis à partir de ce point, sommet de sa trajectoire diurne, l'astre s'abaisse et va se coucher à l'horizon occidental. En cela, le Soleil est soumis aux mêmes apparences que les étoiles et la Lune ; et aujourd'hui personne n'ignore que ce mouvement d'ensemble des astres n'a rien de réel, qu'il est une conséquence du mouvement de rotation de la Terre d'occident en orient. Le globe terrestre tourne sur lui-même, autour d'un axe de position invariable, avec une vitesse uniforme, en 23 h. 56^m 4^s [1].

---

1. C'est la durée du *jour sidéral* ; le *jour solaire* moyen est plus long de 3 minutes 56 secondes, puisqu'il renferme 24 heures. Voyez dans LE CIEL, livre I, ou dans nos *Éléments de Cosmographie* (p. 97), la raison de cette différence de durée.

Quand le Soleil se lève, c'est donc en réalité notre horizon qui, entraîné par la rotation de la masse dont il fait partie, s'abaisse à l'orient au-devant de lui; quand il se couche, c'est le même horizon qui finit par masquer le disque radieux en s'élevant vers l'occident.

Un second mouvement apparent, qu'on peut constater facilement pour peu qu'on soit familiarisé avec l'aspect du ciel étoilé, entraîne aussi progressivement le Soleil, mais dans un sens précisément inverse de son mouvement diurne, c'est-à-dire d'occident en orient. Voici comment on peut vérifier ce second mouvement. A une époque quelconque de l'année, notons quel est, à minuit, l'aspect des constellations; par exemple, considérons les étoiles qui à cette heure se trouvent dans le plan méridien, c'est-à-dire dans le plan même où se trouve en ce moment le Soleil, mais à l'opposé. Dans les nuits suivantes, à la même heure de minuit, les mêmes étoiles se trouveront avoir déjà dépassé le méridien vers l'occident, et leur avance sera d'environ 4 minutes d'un jour à l'autre (3^m 56^s). Cela revient à dire que les étoiles opposées au Soleil sont des étoiles plus orientales que les premières, ou que le Soleil lui-même occupe dans le ciel, relativement à la Terre, des constellations de plus en plus orientales. En une année, il semble ainsi faire le tour entier du ciel, dans un plan qui est incliné sur le plan de l'équateur terrestre, de 23° 27' environ.

En réalité, ce n'est point au Soleil qu'appartient ce mouvement. Tout le monde sait depuis Copernic [1]

1. *Tout le monde sait* est une façon de parler qui n'est point d'accord avec l'histoire. Il suffira de se rappeler la

que c'est la Terre qui se transporte ainsi, dans l'intervalle d'une année, en décrivant autour du Soleil une orbite à peu de chose près circulaire. La durée exacte de cette révolution est de 365 j. 2564, de sorte qu'après ce temps, la Terre et le Soleil se retrouvent en ligne droite avec la même étoile.

Ce n'est pas le lieu de dire comment les deux mouvements de rotation et de translation de la Terre suffisent à expliquer les alternatives des jours et des nuits, l'inégalité de leurs durées aux diverses latitudes, leurs variations dans le cours de l'année et enfin les changements de hauteur du Soleil sur chaque horizon, selon la saison de l'année.

Mais ce que nous voulons en retenir, c'est la situation du Soleil relativement à la Terre : notre planète décrit, nous venons de le dire, une courbe presque circulaire. Cette courbe ou orbite, dont le plan se nomme le plan de l'écliptique, est en réalité une ellipse, courbe ovale, symétrique relativement à deux axes inégaux et ayant son centre C à l'intersection commune des axes (*fig.* 5). Le Soleil occupe un des points du grand axe, mais non pas le centre : il est situé en S, à l'un des deux foyers de la courbe. Il en résulte que la distance de la Terre au Soleil est constamment variable dans le cours de l'année. En

persécution dont Galilée fut la victime, pour comprendre avec quelle réserve les esprits même éclairés accueillirent les idées nouvelles des deux mouvements de la Terre. Jusqu'au milieu du XVIIIe siècle, en France même, non en Italie et en Espagne, ces deux pays de l'inquisition, les écrivains hésitèrent à se prononcer ; ils n'osaient présenter le système de Copernic que comme une hypothèse. Voyez, dans les Comptes Rendus de l'Académie des sciences, la discussion qui s'est élevée, l'an dernier, au sujet des travaux scientifiques de Newton et de Pascal.

T, à l'extrémité du grand axe la plus voisine du foyer où se trouve le Soleil, la Terre est au *périhélie*, ce qui arrive vers le 1er janvier; à l'extrémité T", au 1er juillet, elle est à l'*aphélie* ou à sa plus grande distance; enfin aux extrémités du petit axe, quand la Terre est en T' et T''', la distance du Soleil est moyenne entre les deux distances extrêmes, ce qui arrive vers le 1er avril et le 1er octobre.

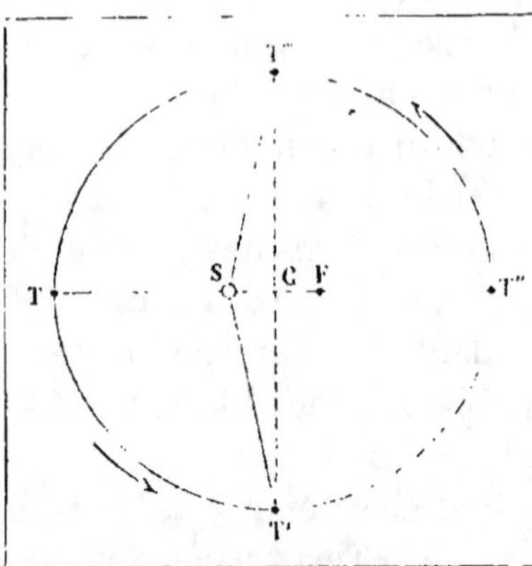

Fig. 5. — Orbite elliptique de la Terre; aphélie et périhélie.

La Terre n'est pas le seul astre qui circule ainsi autour du Soleil. 153 corps, planètes ou satellites lui font cortége. (C'est du moins le nombre de ceux qu'on connaît aujourd'hui.)

Ce sont, en premier lieu, 8 planètes principales qu'on peut partager en deux groupes : le groupe des planètes moyennes qui sont, dans l'ordre de leurs distances au Soleil, Mercure, Vénus, la Terre et Mars; et le groupe des grosses planètes, Jupiter, Saturne, Uranus et Nepune. Entre ces deux groupes circulent une multitude de planètes fort petites, qu'on ne voit qu'à l'aide des télescopes, dont le nombre s'accroît chaque année par de nouvelles découvertes, et, à l'heure qu'il est (nov. 1872), se trouve déjà de 127. Outre ces 135 planètes, il faut compter 18 satellites : la Lune qui tourne autour de la Terre et, avec la Terre, autour du Soleil ; les 4 satellites qui accompagnent de même Jupiter, les 8 satellites de Saturne, les 4 d'Uranus, et celui de Neptune.

Tel est, dans son ensemble, le système planétaire. Chaque planète décrit une orbite autour du Soleil relativement immobile, orbite elliptique, comme celle de la Terre, de sorte que le Soleil occupe le foyer commun de toutes ces courbes. Ces orbites sont sensiblement planes et peu inclinées les unes sur les autres. Disons rapidement, en passant, que les durées des révolutions planétaires croissent avec les distances moyennes des diverses planètes au Soleil, suivant une loi dont la découverte est due à Képler ; que ces durées sont comprises entre 88 jours, année de Mercure, et 165 ans, durée de la révolution de Neptune. Ces données vont nous suffire pour que nous puissions nous faire une idée de la situation qu'occupe le Soleil au milieu de ces astres secondaires, auxquels il distribue sa chaleur et sa lumière.

Le monde planétaire vu de l'espace ; ses dimensions en longueur et en largeur. — Jusqu'où s'enfoncent les comètes dont la période est approximativement calculée.

Imaginons un observateur qui s'éloigne dans les profondeurs du ciel à une distance assez considérable du monde planétaire pour embrasser d'un coup d'œil tout son ensemble. Si la direction qu'il a prise est contenue dans le plan de l'orbite terrestre ou dans celui de toute autre orbite planétaire, il verra une étoile brillant d'un vif éclat, et de chaque côté une centaine d'étoiles plus petites, les unes pour ainsi dire perdues dans les rayons de l'étoile centrale, les autres assez éloignées pour s'en distinguer, toutes d'ailleurs infiniment moins brillantes que le Soleil [1], et variant d'éclat selon leurs distances apparentes à ce dernier. Tous ces satellites du Soleil sembleront osciller de part et d'autre de son disque, décrivant en apparence des lignes presque droites, comme on voit les satellites de Jupiter se mouvoir de chaque côté de la planète centrale. Les uns paraîtront se mouvoir avec une assez grande rapidité : ce seront les étoiles les plus voisines, Mercure, Vénus, la Terre et Mars ; les autres parcourront de plus en plus lentement les portions de leurs trajectoires. L'ensemble aura l'aspect d'un amas lenticulaire d'étoiles, ou, si la distance est assez grande pour qu'il y ait difficulté à distinguer les divers points lumineux, présentera l'aspect d'une étoile entourée d'une nébulosité de forme allongée.

Les dimensions du système planétaire, tel du moins que nous le connaissons, embrassent en diamètre 60 fois la distance du Soleil à la Terre, près de 9 milliards de kilomètres (8 890 millions). Si nous voulons nous faire une idée de cette immense étendue, apprécions-la par les temps que divers mobiles mettraient à la parcourir. La lumière qui a une vitesse de 298 000 kilomètres par seconde traverserait de part en part le système planétaire en 8 heures 17 minutes ; mais un boulet de canon, s'il pouvait conserver sa vitesse uniforme de 450 mètres par seconde ne mettrait pas moins de 626 ans à faire le même trajet ; le son, pas moins de 845 ans

---

1. A vrai dire, un grand nombre seraient réellement invisibles les unes à cause de leur petitesse, les autres parce que leur lumière se confondrait avec celle du Soleil. Mais il s'agit là d'une hypothèse.

L'étendue, en épaisseur, du monde planétaire est beaucoup moindre. En l'évaluant dans un sens perpendiculaire au plan de l'orbite terrestre, on la trouve de 19 à 20 fois moindre que l'étendue diamétrale, c'est-à-dire environ de 470 millions de kilom.

Dans tout cela, il n'est pas question des comètes. Ces astres se meuvent comme les planètes, autour du Soleil ; mais leurs orbites, beaucoup plus allongées, ont toutes les inclinaisons possibles sur le plan de l'écliptique. De plus, le sens des mouvements est rétrograde chez les unes, direct chez les autres. Si l'on s'arrête aux comètes dont les éléments elliptiques ont pu être calculés, qui, dès lors, sont des astres appartenant complétement au système solaire, les dimensions de ce dernier deviennent beaucoup plus grandes que celles du monde planétaire proprement dit, qui est circonscrit par l'orbite de Neptune. En effet, tandis que le rayon vecteur de Neptune vaut 30 fois en moyenne la distance du Soleil à la Terre, la distance aphélie où la comète de 1844, dont la période est de 100 000 années, va se perdre dans les espaces extraplanétaires, est près de 4 000 fois la même distance.

Il n'est pas douteux que, parmi les nombreuses comètes dont les orbites très-allongées semblent, dans leur portion visible, être des arcs de parabole, il en est qui s'éloignent plus encore du Soleil. Mais, sans sortir du domaine du connu et du déterminé, on voit que le monde solaire s'étend, à partir du foyer commun, jusqu'à six cents milliards de kilomètres, ou cent cinquante milliards de lieues, et probablement beaucoup plus loin encore. D'un point de l'espace aussi prodigieusement éloigné que celui où parvient la comète de cent mille ans à son aphélie, le Soleil n'apparaît plus que comme une étoile, dont l'éclat surpasse encore, il est vrai, celui des plus brillantes étoiles connues, mais dont le diamètre est à peine d'une demi-seconde.

Il nous suffit, pour le moment, de voir ce qu'est le Soleil au milieu des astres qui circulent autour de lui dans des orbites fermées, et à quelle distance s'étend la sphère de son activité; plus loin nous aurons l'occasion de dire quelle est sa position parmi les étoiles, et quelles relations il entretient sans doute avec le monde sidéral. Nous verrons alors qu'il est partie intégrante d'une association d'innombrables soleils semblables à lui, et qu'un mouvement de translation l'entraîne avec tout son cortége, lui faisant décrire une orbite immense autour de quelque centre encore inconnu.

§ 2. — FORME ET DIMENSIONS APPARENTES DU SOLEIL.

Quelle est la forme du disque solaire? — Le Soleil à l'horizon ; sa forme doublement elliptique ; formes bizarres dues à la réfraction des couches de vapeur. — Divers moyens d'observer le Soleil, sans que la vue soit blessée ; hélioscopes. — Projection du disque du Soleil dans la chambre obscure.

La lumière du Soleil est si éblouissante qu'il est à peu près impossible — tout le monde le sait par expérience — d'observer l'astre à l'œil nu, quand il brille au milieu d'un ciel sans nuages, et à une certaine hauteur au-dessus de l'horizon. A l'horizon même, c'est-à-dire au moment où le Soleil vient de se lever ou quelque temps avant qu'il disparaisse à son coucher, la difficulté n'existe plus, et l'on peut, sans risquer d'avoir la vue blessée, se rendre compte de la forme apparente de l'astre. L'affaiblissement considérable que subit près de l'horizon l'intensité lumineuse des rayons solaires s'explique très-simplement. Tout rayon de lumière qui, venant de l'espace, arrive au sol, doit traverser l'atmosphère ; il se trouve absorbé par les couches d'air

Fig. 6. — Déformation du Soleil par la réfraction. — Forme elliptique du disque à l'horizon.

dont celle-ci est formée, dans une proportion d'autant plus forte que le trajet est plus long, et que les couches traversées sont plus denses. Or, si l'on admet que la hauteur verticale de l'atmosphère est de 100 kilomètres, un rayon de lumière qui vient du zénith n'a que cette distance de 100 kilomètres à

franchir pour arriver au sol, tandis qu'à l'horizon
son trajet est de 1 130 kilomètres et s'effectue principalement à travers les couches les plus denses de
l'air. Aussi Bouguer a-t-il trouvé que l'intensité de
la lumière solaire est 1 000 fois moindre , à une
hauteur de 1° au-dessus de l'horizon, qu'à celle
de 40° : ce résultat n'est d'ailleurs qu'une moyenne
ou un à peu près, car il dépend beaucoup de l'état
de l'atmosphère, de sa pureté plus ou moins grande.

Quoi qu'il en soit, on n'éprouve aucune difficulté
à examiner le Soleil, quand il est très-voisin de
l'horizon. On voit alors qu'il a l'aspect d'un disque
nettement terminé sur tout son contour. Mais ce
disque au lieu d'être un cercle parfait, comme nous
verrons qu'il doit être, est aplati, surtout dans la
partie inférieure de son contour : c'est un ovale qui
n'est pas même régulier, se trouvant formé de deux
moitiés d'ellipses ACB, ADB, ayant le même grand axe
AB, mais ses petits axes CO OD, inégaux. Cette déformation est due à la réfraction de la lumière par les
couches atmosphériques, réfraction dont l'effet est de relever les
divers points du contour du disque, d'autant plus
fortement qu'ils sont plus rapprochés de l'horizon [1].

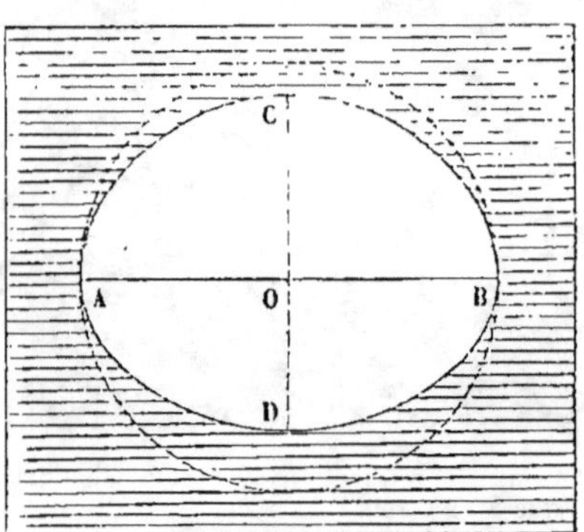

Fig. 7. — Figure doublement elliptique du
Soleil à son lever ou à son coucher.

1. « Sur les hautes montagnes, et sur les hauteurs situées

Parfois, le défaut d'homogénéité des couches, irrégulièrement mélangées, est tel que la déformation du disque solaire par la réfraction le rend méconnaissable. La figure 8 représente quelques-unes des apparences observées au bord de la mer, à

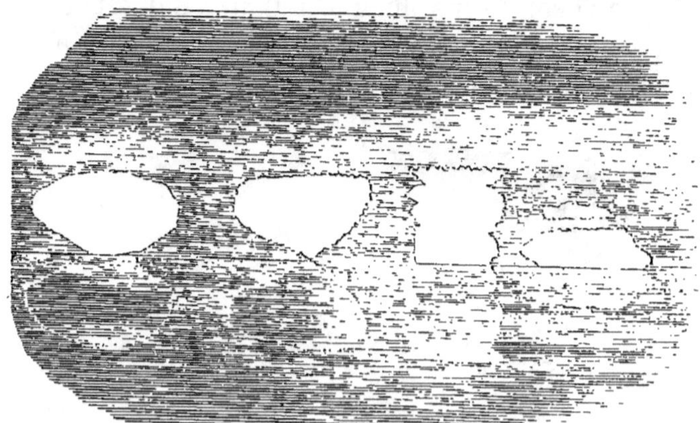

Fig. 8. — Apparences singulières du Soleil à l'horizon. — Observations de MM. Biot et Mathieu, à Dunkerque.

Dunkerque, par MM. Biot et Mathieu. Certes, ce n'est pas dans de telles circonstances qu'il faudrait se placer, pour avoir une idée exacte de la véritable forme du Soleil. Indiquons donc rapidement les cas où cette forme peut être nettement observée, et décrivons aussi à cette occasion les procédés artificiels employés par les astronomes pour l'étude aussi minutieuse et aussi prolongée que possible des diverses parties de son disque.

De légers nuages, ou mieux des brouillards suffisamment épais absorbent quelquefois une telle pro-

sur les bords de la mer, cet aplatissement paraît trèsconsidérable ; il va quelquefois jusqu'à un cinquième du diamètre apparent du Soleil. Le disque de la lune présente les mêmes phénomènes. » (Biot, *Astronomie physique*.)

portion de la lumière solaire qu'on aperçoit, au travers, le disque de l'astre d'une netteté parfaite, d'une forme rigoureusement circulaire; sa couleur, le plus souvent d'un jaune rougeâtre, est parfois d'un blanc mat si peu éblouissant, que l'œil nu en supporte l'éclat sans aucune fatigue. S'il est alors une heure du jour assez avancée pour que le Soleil soit très-élevé au-dessus de l'horizon, la réfraction

Fig. 9. — Verre noirci à la fumée d'une chandelle pour l'observation du Soleil dans les éclipses.

atmosphérique ne le déforme que faiblement ; et, à moins qu'on s'en assure par des mesures rigoureuses, cette déformation est insensible.

Voici maintenant un procédé très-simple qui produit en tout temps le même effet que les nuages ou les brouillards, et dont on se sert très-fréquemment quand on veut observer à la vue simple une éclipse de Soleil. On prend un fragment de vitre ou mieux un morceau de glace à faces bien planes et parallèles; puis on le tient quelques instants au-dessus de la flamme d'une chandelle ou d'une lampe. La couche de noir de fumée qui se dépose de la sorte sur la face exposée est suffisante pour affaiblir l'éclat des rayons solaires : mais il est difficile d'obtenir une couche ayant sur tous les points la même épaisseur, de sorte que le disque du Soleil n'a point l'uniformité d'éclat convenable. Aussi préfère-t-on l'emploi de verres colorés.

On se servait de verres colorés pour observer le Soleil avant l'invention des lunettes. « Apian nous apprend dans l'*Astronomicum cœsareum*, imprimé en 1540, que de son temps quelques personnes faisaient usage de diverses combinaisons de VERRES COLORÉS, collés ensemble par les bords. » Arago s'étonne avec raison, en citant ce fait, « qu'une méthode si simple ait tant tardé à devenir générale, et particulièrement qu'après l'invention des lunettes un astronome tel que Galilée n'y ait pas eu recours. Les verres colorés auraient probablement préservé cet homme illustre des maux d'yeux dont il souffrit si souvent, et de la cécité complète qui affligea ses dernières années. » S'il est, en effet, dangereux de regarder le Soleil à l'œil nu, le danger est bien autrement grand, dès qu'on emploie une lunette, n'eût-elle qu'un très-faible pouvoir grossissant. Nous verrons tout à l'heure quels procédés on emploie dans ce cas.

A l'œil nu, on peut encore regarder le Soleil à travers un trou d'épingle percé dans une carte : la quantité de lumière qui pénètre dans une aussi petite ouverture est si faible que l'éclat de l'image est énormément diminué ; mais cette image est loin d'être nette. La réflexion à la surface d'une nappe d'eau, ou mieux d'un liquide coloré en bleu ou en noir, affaiblit aussi beaucoup l'intensité de la lumière solaire. Mais la mobilité d'un miroir de ce genre, dont la moindre agitation ride la surface, en rend l'emploi peu commode.

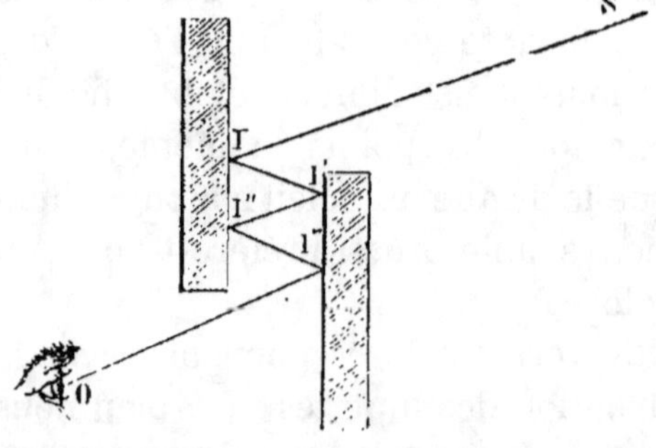

Fig. 10. — Affaiblissement de la lumière solaire par des réflexions multiples.

Un œil placé en O derrière deux morceaux de glace noirs placés parallèlement, reçoit les rayons du Soleil qui, tombant sur le premier, sont renvoyés sur l'autre et se réfléchissent deux ou plusieurs fois à la surface de ces miroirs : il y a quatre réflexions en I, I', I" et I"' (*fig.* 10). L'absorption de la lumière par chaque plaque affaiblit assez l'éclat du Soleil pour que l'œil ne souffre point en percevant son image.

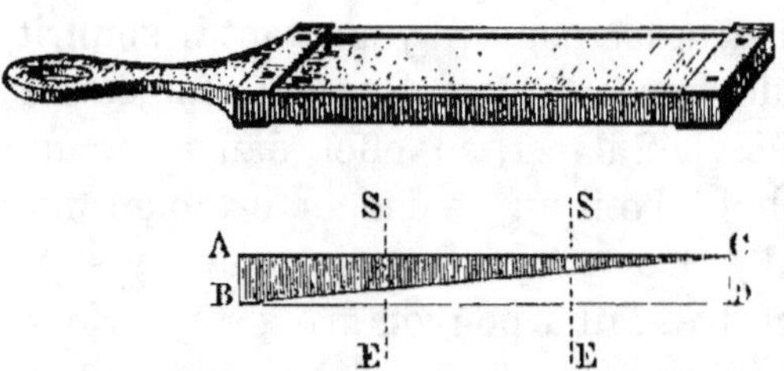

Fig. 11. — Hélioscope à biseau.

Les opticiens disposent ces glaces dans une boîte à parois noircies, et en font un petit appareil avec lequel on peut observer les éclipses. Pour le même objet, ils fabriquent aussi d'autres hélioscopes, formés par l'assemblage de deux prismes, ou lames de verre taillées en biseau, l'une blanche et transparente, l'autre en verre noir ou coloré, disposées comme le montre la figure 11. L'image du Soleil vue à travers les lames de cet hélioscope est d'autant plus affaiblie qu'elle correspond à des épaisseurs plus grandes de la lame noire ; en S'E, elle est plus brillante qu'en SE : on peut donc à volonté suivre l'éclipse dans toutes ses phases, en choisissant le degré d'absorption qui convient à la vue.

M. Babinet, dans une *Notice sur l'éclipse de Soleil de juillet* 1860, donne un autre mode d'observation « des éclipses qui n'exige pas même, dit-il, que l'observateur se tienne au Soleil ou sorte de son appartement. Un valétudinaire, sans quitter son lit, peut être spectateur de l'éclipse. » Ce moyen consiste simplement à placer en plein soleil un fragment de miroir qui renvoie par réflexion les rayons de l'astre sur le plafond ou sur les murs de l'appartement.

Une méthode bien préférable, parce qu'elle donne une image plus nette et plus vive, sans être trop éblouissante, est celle qu'employait Fabricius sur les travaux duquel nous reviendrons bientôt. Elle consiste à recevoir les rayons solaires par le trèspetit trou d'une chambre obscure, sur un écran de papier blanc, disposé de manière à recevoir normalement les rayons. On voit alors sur l'écran une image renversée du Soleil, d'autant plus grande que le papier est plus éloigné de l'ouverture de la chambre, mais aussi d'autant moins brillante. Galilée, Scheiner, se sont servis de ce moyen d'observtion : c'est aussi celui qu'employa Gassendi pour suivre le passage de la planète Mercure sur le disque du Soleil, le 7 novembre 1631.

Observation du Soleil dans les lunettes et les télescopes. — Danger pour la vue. — Emploi des verres colorés; méthode de W. Herschel. — Hélioscopes polariseurs. — Le sidérostat de M. Léon Foucault. — Objectifs argentés.

Si l'œil nu a de la peine à supporter la lumière solaire, à moins qu'elle ne se trouve affaiblie par quelque procédé naturel ou artificiel, c'est bien autre chose encore s'il s'agit de l'image du Soleil, telle qu'elle se forme au foyer d'une lunette ou d'un télescope. La concentration des rayons de lumière et de chaleur qui se réunissent pour former l'image focale accroît l'intensité de son éclat en proportion de la puissance de l'instrument : même en se servant d'une lunette de faible ouverture, on aurait l'œil ébloui, brûlé, si l'on ne prenait la précaution d'affaiblir considérablement la lumière de l'astre. Les premiers observateurs, Fabricius, Galilée, Harriot par exemple, n'observaient le Soleil avec les lunettes récemment découvertes, qu'à l'horizon, ou à travers des brouillards, des nuages suffisamment épais. Encore étaient-ils obligés à certaines précautions : Fabricius recommandait de ne recevoir d'abord qu'une petite portion de la lumière du Soleil, et d'accoutumer peu à peu l'œil à supporter celle du disque entier. Ils visaient encore l'image du Soleil après sa réflexion sur une nappe d'eau ou sur un miroir peu réfléchissant. Cependant, dès 1611, Scheiner se servait de verres colorés : il mettait en avant de l'objectif de sa lunette un verre plan, bien pur, poli et à faces bien parallèles, afin que la régularité de l'image focale ne fût point altérée.

Même avec ces précautions, l'étude assidue du Soleil est dangereuse pour la vue des astronomes : Galilée, Cassini sont morts aveugles. W. Herschel, qui était observateur consommé autant que profond dans ses vues théoriques, a fait des recherches sur le choix des substances propres à affaiblir l'image du Soleil dans les instruments et à préserver la vue. Il reconnut que la couleur du verre est d'une grande importance : le *rouge* absorbe bien les rayons les plus lumineux, mais il laisse passer une grande quantité de rayons calorifiques, qui amènent à la longue des inflammations graves de l'organe de la vue; les verres *verts* absordent la chaleur, mais laissent passer trop de rayons de lumière. Herschel proposa de substituer aux verres colorés de l'encre noire, étendue d'eau et filtrée : ce liquide a la propriété d'absorber également les rayons de diverses couleurs dont se compose, comme on sait, la lumière solaire, de sorte que, vue au travers, l'image de l'astre a une blancheur parfaite. De plus, la majeure partie des rayons calorifiques se trouvent éteints. Le liquide était contenu dans un petit récipient qu'on plaçait en avant de l'oculaire. L'appareil d'Herschel n'a pas été adopté.

Aujourd'hui, les astronomes emploient des verres noirs ou d'une teinte noire bleuâtre, qu'ils adaptent aussi à la lunette en avant de l'oculaire. On leur donne ordinairement 1^{mm} 5 ou 2^{mm} d'épaisseur. Mais l'emploi de ces verres a toujours de graves inconvénients : comme l'étude détaillée des accidents qu'on aperçoit à la surface du disque solaire exige des instruments d'une grande puissance optique, pour peu que l'observation se prolonge, le verre noir s'échauffe au point de se briser, exposant ainsi aux inconvénients que nous avons signalés plus haut, l'œil de l'observateur.

Sir J. Herschel a suggéré le premier l'idée d'utiliser la polarisation de la lumière et l'extinction de rayons lumineux qui résultent de ce genre de phénomène, pour construire des oculaires propres à l'étude du Soleil. Les hélioscopes polariseurs construits par Porro, par Merz, ont réalisé les vues de l'illustre astronome : ils ont surtout cet avantage que, n'ayant pas de verres colorés, l'image du Soleil conserve, dans les télescopes auxquels on les adapte, sa couleur naturelle.

Castelli, élève de Galilée, avait imaginé un procédé qu'on emploie aujourd'hui encore avec de grands avatanges : il consiste à projeter sur un papier blanc les rayons du Soleil, après leur sortie de l'oculaire de la lunette. C'est ce procédé, analogue à la projection dans la chambre obscure, perfectionné et appliqué à une lunette équatoriale, qui a servi aux observations si nombreuses et si intéressantes de R. Carrington, dont il sera question plus loin : les images du Soleil avaient sur l'écran un diamètre de 28 à 30 centimètres. Le P. Secchi l'a aussi employé pour mesurer les intensités relatives du bord et du centre du Soleil : il obtenait ainsi, avec un objectif de 6 pouces, une image solaire qui, reçue sur un oculaire diagonal à réflexion et projetée sur un écran de papier blanc, n'avait pas moins de 2 mètres de diamètre.

M. Léon Foucault avait imaginé, pour l'étude continue de la surface du Soleil, et en général d'un astre quelconque, un appareil qu'il nommait *sidérostat*, et que sa mort prématurée ne lui a pas laissé le temps de réaliser. Voici, d'après M. H. Sainte-Claire Deville, quelle est la disposition de cet appareil : « Le sidérostat se compose essentiellement 1e d'un miroir plan argenté, mû par une horloge, de manière à renvoyer dans une direction horizontale constante les rayons de l'astre qu'on veut observer; 2° d'un appareil objectif fixe, réflecteur ou réfracteur (c'est-à-dire télescope ou lunette astronomique), qui concentre ses rayons en son foyer. Ce foyer se trouve à l'orifice d'une chambre obscure, dans laquelle l'astronome se livre à son aise, sans fatigue et sans souffrances, à toutes les expériences et à toutes les mesures qu'il désire exécuter..... Une des applications les plus intéressantes du sidérostat était celle qu'en voulait faire M. Foucault à l'étude permanente du Soleil. Dans une des salles les plus fréquentées d'un observatoire, il voulait disposer un appareil donnant sur un écran quadrillé une image fixe et amplifiée du Soleil. L'apparition et la forme des taches, le passage d'un astéroïde sur le disque solaire auraient été un sujet d'études continuelles, faites sans danger pour les yeux, par toutes les personnes que leurs occupations amènent sans cesse à traverser cette salle. »

Enfin, pour terminer ce que nous voulions dire des moyens d'observer le Soleil sans danger pour la vue, mentionnons le procédé qu'a également imaginé M. Léon Foucault, mais qui, plus heureux que l'invention du sidérostat, a été soumis à l'épreuve de l'expérience. Ce procédé ne s'applique qu'aux lunettes astronomiques ou réfracteurs : il consiste à argenter la surface extérieure de l'objectif. « Par ce moyen, l'instrument est protégé contre l'ardeur des rayons solaires, qui sont réfléchis presque totalement vers le ciel, tandis qu'une minime partie de lumière bleuâtre traverse la couche de métal, se réfracte à la manière ordinaire, et va former au foyer une image calme et pure, que l'on peut observer sans danger pour la vue. » L'essai de ce moyen d'observation du Soleil a été fait à l'Observatoire de Paris sur un objectif de 25 centimètres de diamètre et a parfaitement réussi. Il n'a qu'un inconvénient, celui d'exiger le sacrifice momentané d'un instrument, mais cet inconvénient n'existe pas pour les observateurs qui se livrent exclusivement à l'étude du Soleil.

Forme rigoureusement circulaire du disque du Soleil. — Ses dimensions apparentes, à diverses époques de l'année.

Je me suis étendu, un peu longuement peut-être, sur cette question du mode d'observation du Soleil. Mais cette digression était nécessaire pour éviter quelques tâtonnements et les accidents qui en pourraient être la suite, à ceux de mes lecteurs disposés à étudier le Soleil ou du moins à inspecter par simple curiosité la surface du disque.

Revenons maintenant à cette étude. On a vu plus haut que le disque a l'aspect d'un cercle lumineux. C'est rigoureusement un cercle, sauf la déformation apparente due à la réfraction. On s'assure, en effet, par des mesures faites à l'aide des instruments qu'on nomme héliomètres, de la parfaite égalité des diamètres du disque. Aucun indice d'aplatissement dans un sens quelconque n'a pu encore être constaté.

Les dimensions apparentes ou angulaires du disque

du Soleil[1] sont à peu près celles de la Lune[2]. Son diamètre est un peu plus grand qu'un demi-degré; mais il varie selon l'époque de l'année où l'on se trouve, parce que la Terre, décrivant autour du

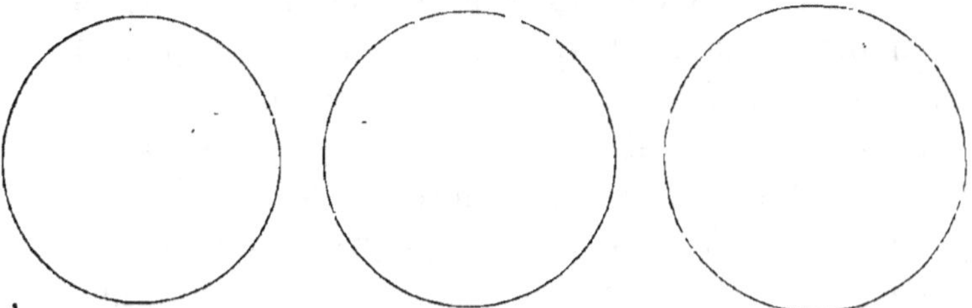

Fig. 12. — Dimensions apparentes du disque solaire aux époques du périhélie, de l'aphélie et de la distance moyenne.

Soleil une courbe elliptique, la distance des deux astres varie constamment. Vers le 1er janvier, cette distance est la plus courte possible, la Terre est à son périhélie, et le disque solaire a ses dimensions apparentes les plus grandes, environ 32' 35",6 ou 1955",6. Au contraire, à l'aphélie, vers le 1er juillet, la distance est la plus grande, et le diamètre du Soleil le plus petit possible : il mesure alors 31' 31",0 ou 1891",0. Enfin, ses dimensions moyennes sont de 32' 3",64 ou 1923",64, quand la Terre est à sa moyenne distance, ce qui arrive vers le 1er avril et les 2 ou 3 octobre. Alors, la circonférence de l'horizon, comme celle de tout autre grand cercle de la sphère céleste, serait entièrement remplie par 673 disques semblables au disque solaire, placés de

1. Voyez dans *la Lune,* page 22, ce qu'on doit entendre par dimensions apparentes d'un objet éloigné.

2. Tantôt plus petites, tantôt plus grandes; c'est ce qui fait que les éclipses de Soleil produites par l'interposition du disque obscur de la Lune nouvelle devant le Soleil, sont tantôt totales, tantôt annulaires.

façon à être tangents l'un à l'autre aux extrémités de leur diamètre horizontal. Il en faudrait 685 à l'aphélie, et 662 seulement à l'époque du périhélie.

A son lever et à son coucher, le Soleil paraît plus gros qu'à des hauteurs plus grandes au-dessus de l'horizon : plus il se rapproche du zénith, plus il semble petit. C'est là un effet qu'on observe dans tous les objets célestes : la Lune, les constellations nous semblent prendre, à l'horizon, des dimensions démesurées. Comme j'ai dit, à propos du disque lunaire, quelles explications on donne de cette illusion, pour ne pas avoir à me répéter, j'y renverrai le lecteur (V. *Lune*, p. 26).

La variation que nous venons de signaler entre les dimensions apparentes du Soleil aux diverses époques de l'année nous touche de près ; car l'intensité intrinsèque de la lumière et de la chaleur de la source restant la même, quand la distance augmente, il en résulte que la chaleur et la lumière reçues à la surface de la Terre varïent avec la superficie apparente du disque. Un calcul facile montre que cette variation est représentée par les nombres 10 335, 10 000 et 9 663. Ainsi vers le 1er janvier, la Terre reçoit du Soleil plus de chaleur et de lumière qu'au 1er avril ou au 1er octobre, dans la proportion de 335 dix millièmes : c'est l'inverse au 1er juillet. Il y a là quelque chose qui paraît en contradiction avec les variations de chaleur qui constituent les saisons, puisque l'époque où la Terre reçoit le plus de chaleur du Soleil coïncide à peu près avec celle des plus grands froids de l'hémisphère boréal, et celle où elle en reçoit le moins avec l'époque des températures les plus élevées sur le même hémisphère. Expliquer

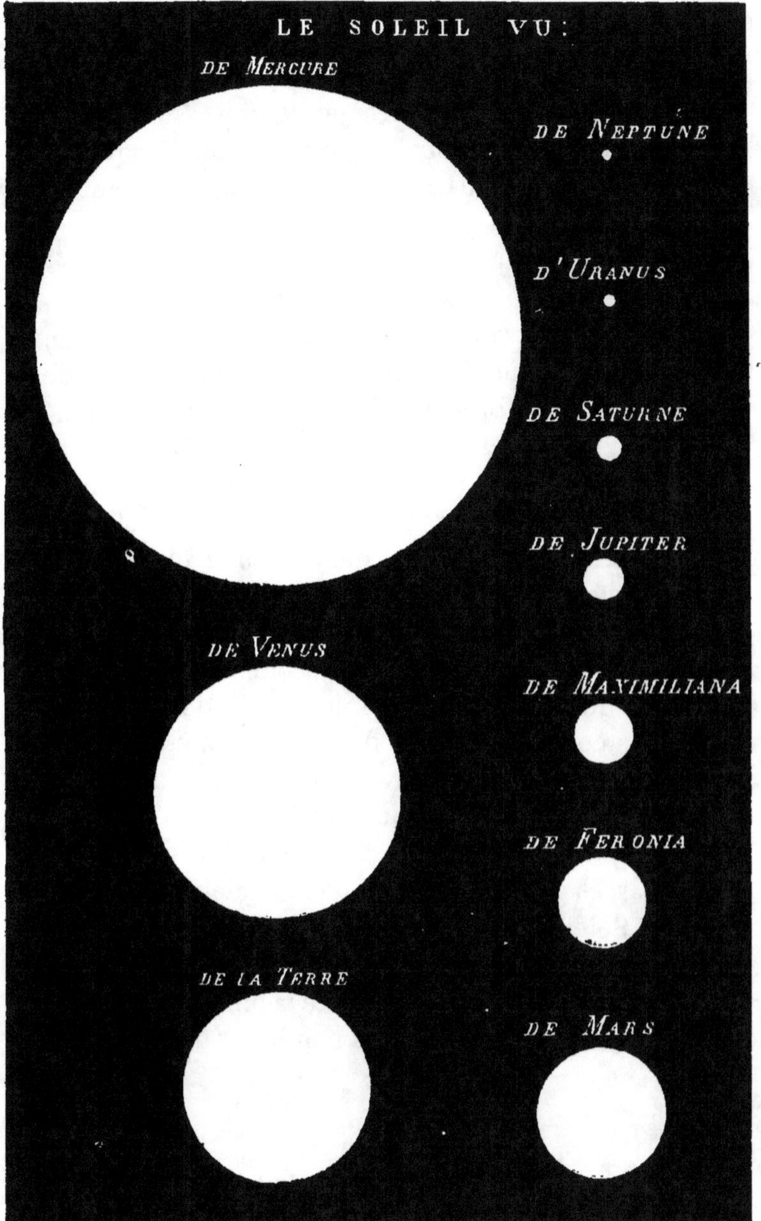

Fig. 13. — Le Soleil vu des différentes planètes. — Dimensions relatives apparentes de son disque aux époques de leurs moyennes distances à l'astre.

cette apparente anomalie nous entraînerait à donner la théorie astronomique et physique des saisons et nous ferait sortir de notre sujet. Pour y rester, disons un mot des dimensions apparentes sous lesquelles on voit le disque du Soleil, à la surface des autres planètes.

C'est de Mercure, la planète connue la plus voisine du Soleil, que cet astre est vu sous les dimensions les plus grandes, de Neptune, la plus éloignée, qu'il est vu sous les plus petites. Pour éviter de donner des nombres que la mémoire retient difficilement, nous mettons en regard dans la figure 13 les grandeurs comparatives du disque solaire vu de chacune des planètes principales, à leurs distances moyennes du Soleil. Il est bien entendu que chaque orbite étant de forme elliptique, les distances de chaque planète au foyer commun varient dans le cours d'une même révolution, comme nous venons de voir que cela a lieu pour la Terre : de là des variations correspondantes dans les diamètres apparents du Soleil, qui paraissent maxima à chaque périhélie, minima à chaque aphélie.

Si l'on ne tient compte, pour évaluer les intensités comparées de la lumière et de la chaleur rayonnées par le Soleil sur chaque planète, que des dimensions apparentes de l'astre, un calcul facile donne pour résultats, en prenant pour unité la lumière et la chaleur reçues par la Terre, les nombres suivants :

Mercure	6. 673	Sylvia	0. 082
Vénus	1. 910	Jupiter	0. 037
La Terre	1. 000	Saturne	0. 011
Mars	0. 430	Uranus	0. 003
Flore	0. 206	Neptune	0. 001

Ainsi, pour Mercure, la chaleur et la lumière du

Soleil ont une intensité 6 673 fois aussi grande qu'à la surface de Neptune ; Mercure est chauffé et éclairé sept fois autant que notre Terre. N'oublions pas toutefois que, tout réduit que se trouve le disque solaire vu des confins du monde planétaire (son diamètre n'y est plus que de 1' 4"), l'astre radieux brille encore à cette distance autant que 44 millions d'étoiles de première grandeur.

A la vérité, pour comparer les intensités calorifiques et lumineuses du Soleil à la surface même des planètes, c'est-à-dire pour des points de leur sol, il faudrait connaître la constitution de leurs atmosphères, savoir dans quelle proportion les ondes de lumière et de chaleur se trouvent absorbées par leur passage au travers des enveloppes gazeuses ou vaporeuses dont nous parlons. On a vu quelle influence le pouvoir absorbant de l'atmosphère terrestre a sur l'intensité des radiations solaires : à l'horizon, cette intensité est considérablement diminuée. Peut-être que Mercure, par exemple, a une atmosphère d'une densité et d'une composition physique et chimique telle, que le sol de la planète ne reçoit pas directement plus de chaleur rayonnante que le sol terrestre ; peut-être aussi en reçoit-il beaucoup plus que ne l'indique le tableau précédent. On a encore peu de données sur les atmosphères des planètes, et sur la question que nous venons de soulever on est à peu près réduit aux conjectures : si nous en parlons, c'est précisément pour que, de données imparfaites ou mieux incomplètes, on ne tire pas des conséquences hasardées.

§ 3. — DISTANCE DU SOLEIL A LA TERRE.

Qu'est-ce que la parallaxe d'un astre? — Mesure d'une distance inaccessible ; parallaxe horizontale. — Mesure de la parallaxe du Soleil : méthode d'Aristarque de Samos; oppositions de Mars ; passages de Vénus. — La distance du Soleil déduite de la vitesse de la lumière et de la constante de l'aberration. — Temps que mettraient, à parcourir la distance du Soleil à la Terre, divers mobiles : la lumière, le son, un boulet de canon, un train de chemin de fer.

Quand vous affirmez, devant une personne étrangère aux sciences mathématiques, que les astronomes sont parvenus à mesurer la distance qui sépare un astre quelconque de la Terre, il est rare que cette personne n'accueille point votre affirmation par un sourire d'incrédulité. A moins que, se fiant sur parole à votre probité intellectuelle, elle n'accepte ce résultat comme un véritable tour de force, une sorte de miracle de science auquel elle croit, parce que tant de merveilleuses applications de la science moderne dont elle est journellement témoin l'ont disposée à tout croire.

C'est cependant, en réalité, une question d'une grande simplicité théorique, facile dès lors à comprendre, mais, ne l'oublions pas, presque toujours d'une exécution difficile et compliquée. Ainsi, à ce sujet comme en pas mal d'autres, c'est le contrepied de l'opinion vulgairement répandue qu'il faut prendre. Essayons de le prouver à propos de la distance du Soleil à la Terre, distance qu'il nous faut connaître, si, des dimensions apparentes de l'astre radieux, nous voulons passer à ses dimensions vraies ou réelles. D'ailleurs, c'est une donnée très importante pour toute l'astronomie que la distance du

Soleil : c'est l'unité qui sert de mesure à toutes les autres distances, soit dans le monde solaire lui-même, soit pour des régions du ciel beaucoup plus éloignées appartenant à ce qu'on a coutume d'appeler l'univers ou le monde sidéral.

Avant tout, je veux définir un mot qui revient toujours dans le langage des astronomes, quand ils parlent de distances célestes. Ce mot est celui de *parallaxe*. On dit : la parallaxe de la Lune, la parallaxe solaire, la parallaxe d'une étoile... Qu'est-ce donc que la parallaxe d'un astre ? Le voici :

Pour mesurer une distance quelconque comprise entre un point dont l'accès n'est pas permis — c'est bien le cas du Soleil, de la Lune, des étoiles — et le lieu où se trouve l'observateur, ce dernier fait d'abord choix d'une base. L'observateur est en A, il trace à partir de A sur le terrain une ligne droite AC. AC est la base de l'opération, qui n'a besoin de remplir d'autre condition que d'être une ligne droite mesurable, et aux extrémités A et C de laquelle il soit facile ou possible à l'observateur de se transporter successivement. En A, il mesure l'angle que fait avec la base le rayon visuel mené de ce point à l'objet

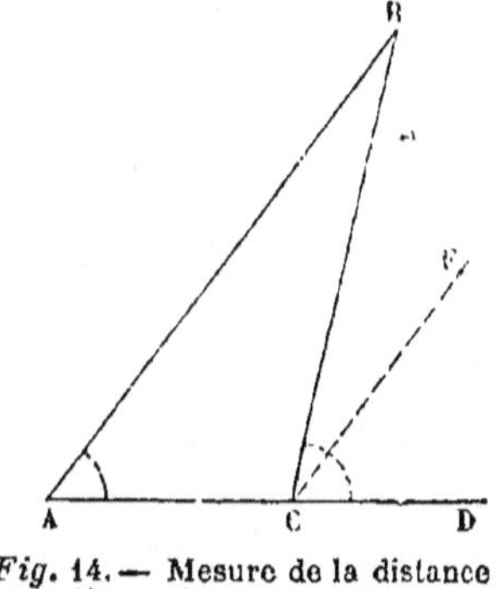

Fig. 14. — Mesure de la distance d'un point inaccessible.

inaccessible B. En C, il mesure de même l'angle du rayon visuel C B avec la base. Il est clair que ces mesures pourraient avoir lieu simultanément : il suffirait pour cela d'avoir deux opérateurs, postés l'un en A, l'autre en C, et visant au même instant l'objet B.

Tout le monde comprend maintenant que le triangle ACB est connu par un de ses côtés AC et par deux de ses angles, l'angle A, l'angle C; et qu'il n'y a plus, pour résoudre la question de la distance, qu'à en construire un semblable sur le papier. En mesurant ensuite, à la même échelle que AC, soit la ligne AB, soit la ligne BC, on saura, sans s'être transporté le moins du monde au point B, quelle est exactement l'une ou l'autre de ces distances. C'est là un problème que les ingénieurs, que les géomètres ou arpenteurs résolvent à chaque instant, lorsqu'ils veulent mesurer une distance sans se donner la peine de la parcourir.

Revenons maintenant au triangle ACB. Ses trois angles, comme dans tout triangle, valent, comme on sait, 180°. Dès lors, les deux angles A et C étant mesurés, et leur somme retranchée de 180°, la différence donne la valeur de l'angle en B. Or, qu'est-ce autre chose que l'angle B; si ce n'est l'angle visuel sous lequel un observateur qui aurait l'œil précisément en B, verrait la base AC? C'est aussi, si l'on veut, l'angle dont l'objet B paraît se déplacer sur le fond du tableau, quand l'observateur se rend de A en C : c'est cet angle que les astronomes appellent plus particulièrement la *parallaxe* de l'objet, de l'astre, Lune, Soleil, étoile, dont ils veulent calculer la distance.

Soit T la Terre, E l'astre en question. Ce qu'il faut trouver, c'est ET, distance du centre de l'astre au centre de la Terre. Si l'observateur est d'abord en A, sur la ligne ET, il voit l'astre à son zénith; s'il s'éloignait jusqu'en B, ou si au même instant un second observateur se trouvait en B, mesurant la distance angulaire qui sépare E de son zénith, ou l'angle EBZ, il en conclurait l'angle EBT. D'ailleurs l'angle ATB est connu : c'est la différence en latitude des deux stations, si celles-ci sont sur le même méridien. Le rayon TB de la Terre est aussi connu, c'est la base du triangle. Un calcul simple ferait donc trouver TE. Quant à la parallaxe ou angle TEB, elle serait d'autant plus grande que B serait plus loin de A, jusqu'au point C où l'astre est vu à l'horizon, ce qui fait donner alors à la parallaxe le nom de *parallaxe horizontale*.

C'est cette parallaxe horizontale que les astronomes, par des opérations plus ou moins compliquées suivant les circonstances, calculent pour chaque corps céleste, et de laquelle ils déduisent la distance. On voit qu'on peut la définir ainsi : l'angle sous lequel un observateur posté dans

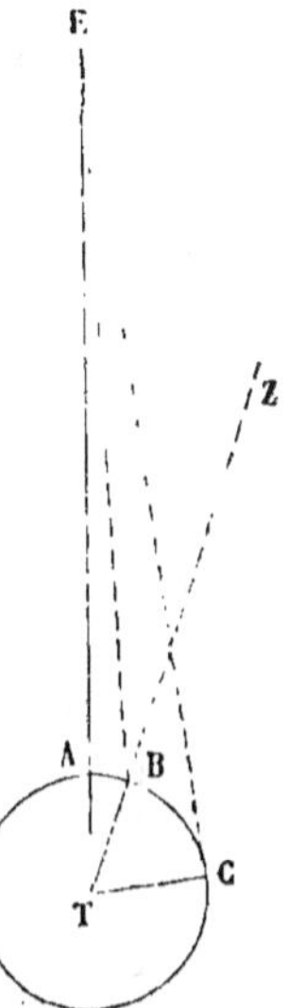

Fig. 15. — Parallaxe horizontale d'un astre.

l'astre même verrait *de face* le rayon de la Terre.

Il est maintenant facile de comprendre que plus l'astre est éloigné, plus sa parallaxe est petite, ce qui revient à dire : plus le rayon de la Terre, vu de l'astre, paraît faible ; vérité d'observation aussi bien que de géométrie, dont nous vérifions tous les jours l'exactitude sur des objets situés à la surface de la Terre, leurs dimensions apparentes étant d'autant plus petites que les objets sont à des distances de nous plus considérables.

Les astronomes anciens s'étaient posé comme les modernes le problème de la distance du Soleil, ou si l'on veut, puisque cela revient au même, de la détermination de la parallaxe solaire. Mais le problème étant, pratiquement parlant, très-délicat, parce que la parallaxe du Soleil est un angle très-petit, ils avaient essayé de tourner la difficulté, en comparant la distance du Soleil à la distance de la Lune. Celle-ci étant beaucoup plus rapprochée de la Terre, était approximativement connue, du moins

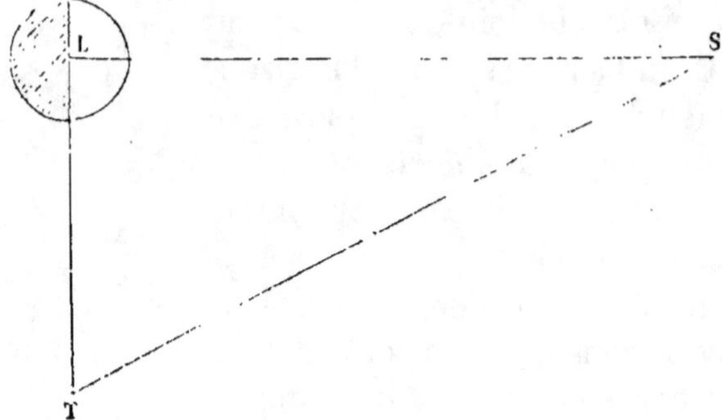

Fig. 16. — Mesure de la distance du Soleil ; méthode d'Aristarque de Samos.

du temps d'Hipparque, astronome grec qui vivait à Alexandrie il y a 2 000 ans. C'est ainsi qu'Aristarque de Samos (260 ans avant l'ère vulgaire) avait remarqué très-justement que le centre du Soleil, le centre de la Lune et l'œil d'un observateur posté à la surface de la Terre sont les trois sommets d'un triangle LTS, dont l'angle en L est droit, quand la Lune est en quadrature, c'est-à-dire quand la séparation de l'ombre et de la lumière sur le disque de notre satellite est rigoureusement une ligne droite. Observant cet instant précis à l'époque soit du premier, soit du dernier quartier, Aristarque avait mesuré l'angle LTS de la Lune au Soleil, et conclu de là le rapport de la distance TS du Soleil à la distance TL de la Lune. Mais cette méthode n'était pas susceptible de précision ; et la distance du Soleil trouvée par Aristarque était beaucoup trop petite. Il en fut de même de celle qu'Hipparque et, après lui, Ptolémée calculèrent en mesurant le diamètre de l'ombre de la Terre dans les éclipses de Lune. Jusqu'au XVIIe siècle, on ne fut pas plus avancé : on regardait la parallaxe solaire comme égale à 3', ce qui mettait le Soleil à une distance de 1 146 rayons terrestres de la Terre, ou seulement à 1 645 000 lieues anciennes à peu près. Nous allons voir qu'il est beaucoup plus éloigné.

Képler, Riccioli, Vendelinus, sans cesser d'employer la méthode d'Aristarque, mais pourvus de moyens d'observation supérieurs, réduisirent la valeur de la parallaxe du Soleil, successivement à 2', à 28" et à 15". Ce dernier nombre est encore de près du double trop fort.

Cependant, c'est Képler qui rendit possible une détermination plus exacte. Ce grand génie découvrit les trois lois qui portent son nom, lois qui régissent les mouvements de toutes les planètes autour du Soleil, et dont l'une établit un rapport entre les durées de leurs révolutions et les distances moyennes de chacune d'elles au foyer commun. Avant donc de connaître ces distances d'une manière absolue, avant de pouvoir les exprimer par des unités déterminées, en lieues par exemple, on put calculer avec précision leurs valeurs relatives. Ainsi, la distance du Soleil à la Terre étant considérée comme l'unité, celle de Vénus est 0,723, celle de Mars 1,524. Il résulte de là qu'une seule distance planétaire connue peut faire trouver toutes les autres ; un calcul arithmétique suffit. Au lieu de chercher directement la distance de la Terre au Soleil, ou la parallaxe solaire, on a essayé de déterminer par l'observation et le calcul la parallaxe de Mars, ou celle de Vénus, aux époques où ces planètes se trouvent à leurs plus petites distances de la Terre, c'est-à-dire quand Mars est en opposition ou Vénus en conjonction.

A l'aide des observations de Mars dans les deux derniers siècles, la parallaxe du Soleil fut trouvée de 10" par Cassini, de 6" par La Hire, de 10" par Maraldi, de 9" à 12" par Pound et Bradley, de 10",5 enfin par Lacaille. Je donne ces divers résultats pour montrer de combien il s'en fallait encore à ces époques qu'on connût avec quelque précision la distance du Soleil.

Une méthode nouvelle conduisit enfin à des données plus certaines. Vénus, en 1761 et en 1769, passa au-devant du Soleil, et l'illustre Halley avait d'avance averti les astronomes de l'intérêt qu'ils auraient à observer ces passages pour le calcul de la parallaxe du Soleil. Cela nous mènerait trop loin que d'exposer en détail la méthode imaginée par Halley et mise en pratique par les astronomes du XVIIIe siècle. Il suffira de comprendre que Vénus, quand son mouvement l'amène en conjonction entre le Soleil et la Terre, est notablement plus rapprochée de nous que le Soleil. Sa parallaxe est donc plus grande que la parallaxe solaire et dès lors plus facile à observer. Des observateurs postés en des points très-éloignés à la surface du globe terrestre, ne verront pas le point noir traverser le disque du Soleil aux mêmes points ; pour les uns, Vénus se projettera en V et décrira la corde BVA ; pour les autres elle se projettera en V' et paraîtra décrire la corde DV'C. Ces cordes étant inégales, la durée du passage ne sera point la même pour les différents observateurs. Or, de la différence de ces durées, on sait déduire la différence des parallaxes de Vénus et du Soleil, et, comme déjà on connaît

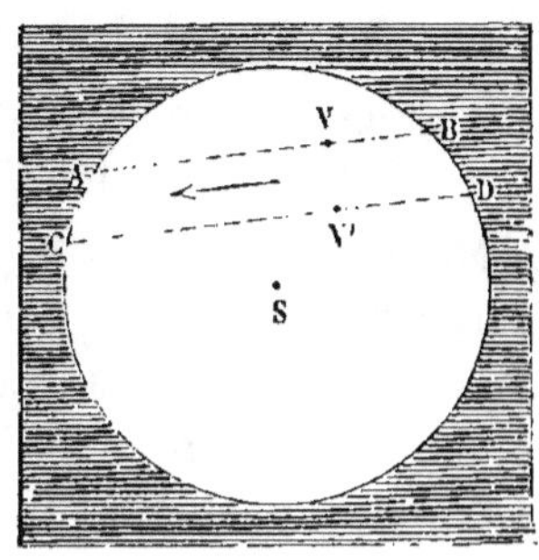

Fig. 17. — Parallaxe du Soleil déterminée par le passage de Vénus.

leur rapport, il est aisé de calculer chacune d'elle [1].

Quand nous disons *il est aisé*, il ne faut pas croire que le calcul en question se fasse par un trait de plume. Il faut au contraire un calcul assez pénible et laborieux. Ce que nous voulons dire, c'est que la difficulté n'est plus alors qu'une question de calcul mathématique, dont l'exactitude dépend seulement de la précision avec laquelle les observations ont pu être faites.

L'astronome Encke, en reprenant les données des passages de Vénus du dernier siècle, avait trouvé pour la parallaxe du Soleil le nombre 8",57, généralement adopté jusqu'à ces dernières années, et qui fournissait, pour la distance moyenne du Soleil

1. Voyez, pour plus de détails à ce sujet, le livre III de notre ouvrage LE CIEL, 4ᵉ édition.

à la Terre, environ 24 000 rayons équatoriaux de notre planète. Mais les savants ne sont jamais satisfaits. A une précision, ils veulent substituer une précision plus grande, et c'est ainsi que la science progresse, sans s'arrêter jamais.

La parallaxe du Soleil, se déduisant, par certaines méthodes, de la théorie du mouvement de la Lune, et aussi des perturbations des planètes, quelques géomètres, parmi lesquels il faut citer M. Le Verrier, crurent devoir adopter une valeur plus grande que celle trouvée par Encke, ce qui réduit la distance du Soleil à la Terre.

D'autre part, M. Léon Foucault ayant mesuré directement à la surface de la Terre la vitesse de propagation de la lumière et l'ayant trouvée de 298 000 kilomètres par seconde, voici la conséquence qu'on tire de cette mesure.

Un phénomène céleste bien connu et mesuré avec une très-grande précision par divers astronomes, l'aberration, est une conséquence du mouvement de la lumière et du mouvement de translation de la Terre dans son orbite. Or, un nombre que les géomètres nomment la *constante de l'aberration* prouve que la vitesse de la lumière dans l'espace est exactement 10 000 fois la vitesse moyenne de la Terre. La Terre parcourt donc en moyenne, si les expériences de M. Foucault sont exactes, $29^k,800$ mètres par seconde. Cela posé, calculer le chemin qu'elle fait en une année, c'est-à-dire la longueur de son orbite en kilomètres, est chose facile. Mais enfin, cette orbite connue, son rayon moyen ou la distance moyenne du Soleil à la Terre en est une conséquence mathématique.

On trouve de la sorte un nombre auquel correspond 8",86 pour la parallaxe du Soleil.

En résumé, les passages de Vénus ont donné à Encke 8",57 ; la mécanique céleste, certaines observations de Mars fournissent le nombre 8",95 ; la vitesse de la lumière 8",86. Il y a encore, on le voit, une certaine incertitude, qu'on espère dissiper en observant, en 1874 et 1882, les prochains passages de Vénus sur le Soleil.

Nous ne nous éloignerons pas beaucoup de la vérité en adoptant provisoirement la parallaxe 8",9. En doublant ce nombre, nous aurons 17",8, angle sous lequel le diamètre de la Terre serait vu par un observateur placé au centre du Soleil : cet angle est si petit, qu'à cette distance notre planète ressemblerait à une étoile dont l'éclat ou la grandeur apparente dépasserait probablement un peu l'éclat de Saturne, en supposant toutefois que les surfaces de ces deux corps célestes aient, pour la lumière, le même pouvoir réflecteur. Mais revenons à la distance du Soleil.

La parallaxe 8",9 suppose que le Soleil est éloigné de la Terre de 23 189 fois la longueur du rayon équatorial de notre planète, c'est-à-dire de 147 910 000 kilomètres. En nombre rond, comptons 23 200 rayons terrestres ou 148 millions de kilomètres. Mais ces nombres représentent la distance moyenne, celle où le Soleil se trouve vers les premiers jours d'avril et d'octobre. Les distances extrêmes diffèrent entre elles d'environ 778 rayons de la Terre, ou de 5 000 000 de kilomètres : en hiver, nous sommes de 1 250 000 lieues plus près du Soleil qu'en été. En résumé, on a :

Distances du Soleil à la Terre.		En rayons équatoriaux.	En kilom.
	Aphélie...........	23 580	150 390 000
	Moyenne.........	23 190	147 910 000
	Périhélie	22 800	145 430 000

Il ne faut pas attribuer à ces nombres une exactitude qu'ils ne comportent point; mais, à la vérité, ils ne s'écartent beaucoup, ni les uns ni les autres, des valeurs réelles des distances du Soleil. L'essentiel ici est qu'on se fasse une idée suffisamment juste de ces distances, rapportées à celles que nous avons l'habitude de considérer à la surface de la Terre, de l'immensité de l'éloignement du Soleil, eu égard à la planète que nous habitons. Plus loin, nous verrons que cette distance énorme s'évanouit comme un point imperceptible devant les dimensions de l'univers sidéral, du moins de la portion de cet univers accessible aux télescopes. Quelques comparaisons familières vont rendre sensible le premier de ces deux points de vue.

Nous ne nous faisons point aisément une idée des quantités que représentent les grands nombres. Une distance de 148 millions de kilomètres nous apparaît sans doute comme une dimension considérable, mais nous ne nous la figurons que difficilement dans l'espace. En lui associant le temps, par exemple celui que mettraient à la parcourir des mobiles animés de vitesses connues, l'idée deviendra pour nous, sinon beaucoup plus précise, du moins plus accessible à notre imagination.

Considérons la lumière, qui se propage en ligne droite, en parcourant uniformément 298 000 kilomètres par chaque seconde de temps. Du Soleil à la Terre, elle met 496ˢ,35, c'est-à-dire 8ᵐ 16ˢ,35, à franchir l'intervalle moyen de 148 millions de kilomètres qui les sépare.

Un boulet de canon de 12 kilogrammes, chassé de l'arme par 6 kil. de poudre, se meut avec une vitesse de 500 mètres dans la première seconde. S'il conservait cette vitesse uniforme jusqu'au Soleil, il lui faudrait 9 années $\frac{3}{4}$ pour y parvenir.

Si l'espace compris entre le Soleil et la Terre était susceptible de transmettre un son avec la vitesse uniforme de propagation de 340 mètres à la seconde, — c'est sa vitesse dans l'air à 15°, — il faudrait à l'ébranlement sonore 13 ans $\frac{3}{4}$ pour franchir cette distance. Il y aurait donc bien près de 14 ans que l'explosion qui lui aurait donné naissance à la surface du Soleil aurait eu lieu, au moment où le son viendrait frapper notre oreille à la surface de la Terre.

Imaginons un chemin de fer reliant en droite ligne notre planète et le Soleil ; un train express et direct voyageant à la vitesse constante de 50 kilomètres par heure, sans s'arrêter jamais, n'arriverait à destination qu'après un voyage de 337 ans et demi. Parti au 1er janvier 1869, un tel convoi ne terminerait sa route que vers les derniers jours de l'année 2206 !

§ 4. — DIMENSIONS RÉELLES DU SOLEIL. — SA MASSE, SA DENSITÉ. — INTENSITÉ DE LA PESANTEUR A SA SURFACE.

Diamètre du Soleil : combien il vaut de fois le diamètre de la Terre. — Surface du globe solaire ; son volume. — Représentation en miniature du Soleil et des planètes.

Pour que le Soleil, malgré sa prodigieuse distance, nous apparaisse sous la forme d'un disque ayant un aussi grand diamètre angulaire, il faut que ses dimensions vraies soient réellement énormes. Le globe solaire — nous verrons bientôt que la forme circulaire du disque accuse une forme sphérique — a, en effet, un diamètre qui n'est pas moindre de 108 fois le diamètre équatorial de la Terre. On peut se rendre compte très-facilement de cette proportion des deux astres : la parallaxe solaire doublée donne le diamètre apparent de notre planète vue du Soleil, c'est-à-dire 17",8, et le diamètre apparent moyen du Soleil vu de la Terre, c'est-à-dire de la même distance, étant 32' 3",64, ou 1923",64, il suffit de diviser ce second nombre par 17,8 pour connaître le rapport très-approché des diamètres réels. En faisant le calcul trigonométrique exact, on trouve :

$$D = 108,135\ d.$$

Si l'on passe maintenant aux dimensions du Soleil exprimées en kilomètres pour les longueurs, en kilomètres carrés pour les surfaces, en kilomètres cubes pour les volumes, voici ce qu'on trouve :

Le rayon du Soleil a 690 000 kilomètres, 172 000 lieues kilométriques, environ; la circonférence d'un de ses grands cercles mesure 4 330 000 kilomètres, ou 1 083 000 lieues kilométriques. C'est toujours, comme on voit, à peu près 108 fois les dimensions correspondantes de la Terre.

La surface de l'astre, celle de l'enveloppe lumineuse qui nous éblouit, n'est guère inférieure à 12 000 fois la surface de notre Terre; ou, si l'on veut, est égale en nombres ronds à six millions de millions de kilomètres carrés.

Son volume évalué en kilomètres cubes se mesure par le nombre 1 374 300 000 000 000 000.

Pour se faire une idée de ce qu'un tel nombre représente, il faut le rapporter au volume même de la Terre, qui vaut déjà plus d'un milliard de kilomètres cubes. On trouve ainsi que le globe du Soleil vaut à lui seul, en volume, autant que 1 372 000 globes terrestres. La Terre, il est vrai, n'est pas, tant s'en

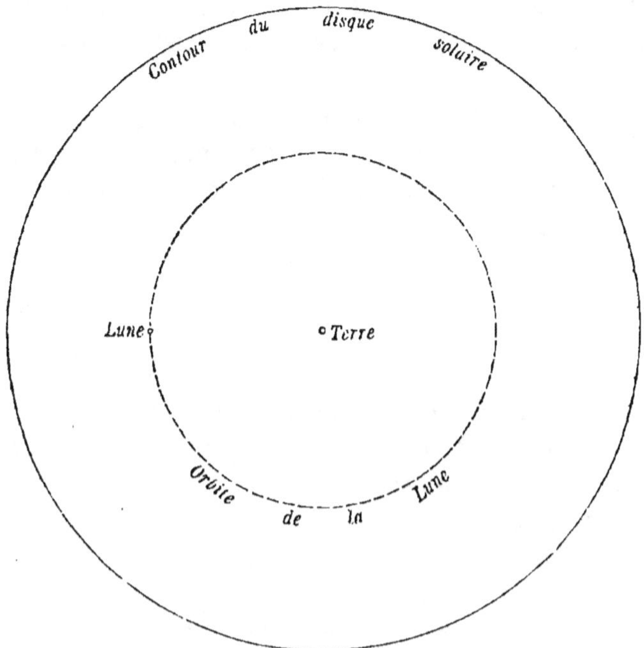

Fig. 18. — La circonférence du globe du Soleil comparée à l'orbite de la Lune.

faut, la planète la plus volumineuse, puisque Jupiter, Saturne, Uranus et Neptune sont respectivement 1 230, 685, 74 et 85 fois aussi grosses qu'elle. Mais réunit-on toutes les planètes et leurs satellites, on trouverait encore que le volume du Soleil équivaut à 600 fois au moins le volume résultant de cette agglomération. La Lune est éloignée de nous de 60 rayons de la Terre, environ. Eh bien, si l'on supposait que le centre du Soleil vint à coïncider avec celui de notre globe, non-seulement toute l'orbite lunaire resterait à l'intérieur de l'immense sphère solaire, mais il faudrait en outre s'élever au-delà de cette orbite de 48 rayons terrestres, pour atteindre la surface extérieure de l'astre lumineux. C'est ce que montre la figure 18.

On comprend mieux l'importance du rôle qu'un astre comme le Soleil joue dans monde de corps célestes gravitant autour de lui, quand on se représente dans des proportions exactes les dimensions vraies et les valeurs relatives justes des grosseurs et des distances de tous ces corps. (Voyez la figure 19, au titre du volume.) Voilà pourquoi j'insiste sur des comparaisons familières, pourquoi j'ai cru bon de multiplier les images propres à donner à nos sens et par suite à notre esprit l'idée précise de tels rapports.

Représentons-nous le Soleil comme une sphère d'un *décimètre* de diamètre ; la Terre sera un grain de moins d'un *millimètre*, qu'il faudra reculer à la distance moyenne de $21^m,50$ pour mettre sa distance au Soleil en harmonie avec ses dimensions. Si la Terre avait, comme les globes géographiques de dimensions moyennes, 30 centimètres de diamètre, c'est à 3 kilomètres et demi environ qu'il faudrait l'éloigner du globe solaire, et celui-ci n'aurait pas moins alors de $32^m,45$ de diamètre. En un mot, imaginez un ballon sphérique assez volumineux pour s'élever au-dessus du sol à la moitié de la hauteur des tours Notre-Dame à Paris : c'est le Soleil. Placez un autre globe de 3 décimètres de diamètre à une distance de 3 500 mètres du premier : ce globe figurera la Terre. Jupiter, la plus volumineuse de toutes les planètes, serait une boule de $3^m,30$, qu'il faudrait placer à 18 kilomètres de distance; Saturne aurait un diamètre de près de 3 mètres et serait reléguée à 33 kilomètres.

Combien pèse le Soleil? — Une idée de la balance des astronomes. — Combien il faudrait de Terres pour équilibrer le Soleil. — Ce que pèsent les corps sur le Soleil. — Sa masse comparée aux masses réunies de toutes les planètes.

Telles sont les dimensions de Soleil. Passons à l'évaluation d'un autre élément, à celle de sa masse, ou de la quantité de matière que renferme ce volume immense, disons en un mot quelle réponse l'astronomie fait à cette question, dont l'énoncé seul provoque, à bien plus juste titre que la question des distances célestes, l'étonnement et même l'incrédulité :

Combien pèse le Soleil?

Quelle est la masse de l'astre, comparée à la masse de notre globe terrestre? Si l'on imaginait une balance assez vaste et assez rigide pour qu'un de ses plateaux fût capable de soutenir le globe solaire, combien faudrait-il mettre de Terres dans l'autre plateau pour qu'il y eût équilibre?

Ce n'est point ici le lieu d'expliquer par quelle méthode, par quelle suite de déductions et d'observations, de raisonnements et de calculs, les astronomes sont parvenus à résoudre ce point si curieux de la mécanique des mondes, à peser le Soleil, la Terre, la Lune, les autres planètes et leurs satellites. Je rappellerai seulement le principe qui leur a servi de point de départ et me bornerai ensuite à montrer comment le problème est possible.

Ce principe est celui de la *gravitation universelle* dont Newton a eu la gloire de formuler la loi, et auquel il a rattaché comme de simples conséquences les trois lois qui portent le nom d'un autre immortel astronome, de Képler. Deux points matériels quelconques, a dit Newton, tendent ou gravitent l'un vers l'autre avec une force qui est proportionnelle à leurs masses et qui décroît comme les carrés de leurs distances augmentent.

Le Soleil, les planètes, en un mot les différents corps du système solaire ayant tous, à peu de chose près, la forme sphérique, chacun d'eux agit sur tous les autres comme s'il était réduit à un point qui est son centre, et comme si toute sa masse s'y trouvait concentrée. C'est une seconde vérité dont la démonstration est encore due au géomètre anglais.

Une planète, telle que la Terre, en circulant autour du Soleil, peut être considérée comme soumise à deux forces, l'une la gravitation, en vertu de laquelle elle tend à se réunir au Soleil, l'autre qui l'en éloignerait indéfiniment si elle agissait seule. Leur combinaison incessante produit le mouvement elliptique que nous connaissons, et dont Képler a trouvé la loi pour toutes les planètes. En négligeant, comme de beaucoup inférieures, les actions des autres corps du système, en réduisant par la pensée ce système au Soleil et à la Terre seule, sauf à y revenir pour corriger les premiers résultats, voici comment le rapport des masses du Soleil et de la Terre a pu être calculé.

Que faut-il pour comparer ces deux masses ? Arriver à connaître quelle serait la force avec laquelle chacune d'elles agirait sur une même masse en vertu de la gravitation, pourvu que cette masse fût placée en chaque cas à des distances égales des deux autres. Et comme cette force peut se mesurer par l'espace parcouru pendant la première seconde, la question revient à celle-ci :

Quel serait pendant la première seconde l'espace parcouru par un corps, qui tomberait sous l'action de la masse de la Terre, à une distance égale, par exemple, à celle du Soleil à la Terre ? Quel serait, de même, l'espace parcouru par un corps qui, d'une distance égale, tomberait vers le Soleil sous la seule action de la masse solaire ?

Or, les expériences des physiciens nous montrent qu'à la surface de la Terre, à la latitude de Paris, un corps tombant librement dans le vide sous l'action de la pesanteur, c'est-à-dire sous l'action de la masse de notre globe, tout entière rassemblée à son centre, parcourt un espace égal à $4^m,9047$ dans la première seconde de sa chute. La distance au centre est ici approximativement 6 367 kilomètres. Qu'on transporte le corps à la distance moyenne du Soleil, et, d'après la loi de la gravitation, l'espace parcouru par la chute du corps vers la Terre en une seconde sera réduit dans le rapport inverse du carré des deux distances 6 367 et 147 910 000, et il en sera de même de la vitesse acquise qui serait égale alors au nombre $0^m,000\ 000\ 018\ 176\ 8$.

Il faut savoir maintenant de combien un corps placé à la distance de la Terre tombe vers le Soleil sous l'action de la masse de cet astre, en une seconde de chute. La connaissance des dimensions de l'orbite terrestre, de la vitesse moyenne de la Terre dans cette orbite permet d'effectuer ce calcul dont nous ne donnerons pas ici le détail, et l'on trouve $0^m,003\ 007\ 25$ pour la chute vers le Soleil en une seconde, ou $0^m,006\ 014\ 50$, nombre double, pour la vitesse acquise au bout du même temps.

La comparaison des masses de la Terre et du Soleil est la conséquence immédiate de ces deux résultats : la masse du Soleil contient la masse de la Terre autant de fois que le nombre 0,006 014 50 vaut 0,000 000 018 176 8. Une simple division donne pour ce rapport 330 890.

Le nombre auquel nous arrivons ainsi par une méthode élémentaire, qui a pour but seulement de faire comprendre la possibilité de la solution, et néglige dès lors des éléments d'une certaine importance, n'est pas celui auquel on s'est arrêté. Disons qu'on a trouvé la masse du Soleil égale à 325 000 fois environ la masse de notre globe. Voici donc la réponse à la question posée plus haut et qui paraît d'abord si étrange.

325 000 *Terres feraient équilibre au Soleil.*

Maintenant, tout le monde sait que par différentes méthodes on est arrivé à évaluer la densité moyenne du globe terrestre, laquelle est égale à 5,44 environ. La Terre pèse ainsi 5,44 fois autant qu'un pareil volume d'eau. En multipliant ce poids par 325 000, on trouvera le poids total du Soleil, qui, évalué en tonnes de 1 000 kilogrammes, donne le nombre vraiment effrayant de

1 920 000 000 000 000 000 000 000 000.

La masse du Soleil étant connue, en la divisant par

son volume, on trouve la densité de la matière dont il est formé, laquelle est 0,25136, la densité de la Terre étant d'ailleurs prise pour unité. Cela revient à dire qu'à volume égal, le poids de la matière du Soleil n'est guère plus du quart du poids de la matière qui compose le globe terrestre. Rapportée à l'eau, la densité du Soleil est 1,337. La houille la plus compacte a pour densité 1,36; celle du phosphore est 1,77. Ainsi le Soleil pèse un peu plus qu'un globe de houille de mêmes dimensions, beaucoup moins qu'un globe de phosphore.

Comme le Soleil est, après tout, le corps prépondérant de tout le système d'astres qui gravitent autour de lui, il est bon de le comparer à chacun d'eux, du moins aux principaux, sous le rapport de ses éléments, masse, dimensions, densité, etc. Nous donnons dans ce but un tableau où se trouvent résumés tous les nombres nécessaires à cette comparaison :

	Diamètres. Diam. équatorial de la Terre = 1.	Volumes. Celui de la Terre = 1.	Masses. Celle de la Terre = 1.	Densité. Celle de la Terre = 1.	Pesanteur à la surface. Terre = 1
Soleil	108.135	1 273 000	225 100	0.251	27.366
Jupiter......	11.117	1 231	305	0.247	2.465
Saturne	9.490	685	91	0.195	1.105
Neptune....	4.300	85	18	0.211	0.953
Uranus.....	4.205	74	16	0.216	0.883
La Terre....	1.000	1.000	1.000	1.000	1.000
Vénus......	0.954	0.874	0.776	0.887	0.942
Mars	0.536	0.154	0.111	0.720	0.382
Mercure....	0.373	0.052	0.076	1.420	0.540
La Lune....	0.273	0.020	0.012	0.600	0.164

Il ressort de ce tableau plusieurs considérations intéressantes :

En additionnant les volumes de toutes les planètes principales, on voit qu'elles donnent un total égal à 2 077 fois le volume de la Terre : en y joignant les planètes télescopiques et les satellites de Jupiter, de Saturne, d'Uranus et de Neptune, on ne trouverait certainement pas plus de 2 080, qui est compris 612 fois dans 1 273 000. Ainsi, comme nous l'avons déjà dit plus haut, le volume du Soleil surpasse 600 fois les volumes réunis des astres qui gravitent autour de lui.

Si l'on fait le même calcul pour les masses, on trouve que leur somme équivaut à 432 fois environ la masse de la Terre, ce qui ne produit guère que la 740e partie de toute la masse du Soleil.

Les quatre grosses planètes ont des densités qui se rapprochent beaucoup de celle du Soleil, tandis que les quatre planètes moyennes de la Lune sont formées de substances beaucoup plus denses ; leur densité moyenne est 0,940, nombre qui est bien près de quatre fois aussi fort que le nombre qui exprime la densité du Soleil.

Il y a une cinquième colonne dans notre tableau, où se trouvent indiquées les intensités de la pesanteur à la surface de chaque planète et à la surface du Soleil. Voici ce qu'indiquent ces nombres :

A la surface de la Terre, un corps librement abandonné à lui-même tombe dans le vide avec une vitesse accélérée, qui, au bout d'une seconde, est de 9^m,8094. L'espace qu'il a pacouru jusque-là est moitié moindre ou égal à 4^m,9047. C'est cette vitesse acquise qui sert de mesure à l'énergie de la pesanteur terrestre : elle dépend de la masse de la Terre, laquelle est invariable ; elle dépend aussi de la distance du corps ou du point de départ de la chute au centre de la Terre. Or, le même élément étant calculé d'après les masses connues des planètes et leurs dimensions, on obtient les nombres de la 5e colonne, qui permettent de calculer quelle serait la vitesse acquise par un corps grave, après une seconde de chute à la surface de chaque corps céleste.

A la surface du Soleil, cette vitesse acquise étant 27,366 fois celle d'un corps tombant à la surface de notre planète, serait de 268^m,45. L'espace parcouru pendant la première seconde de chute serait moitié ou 134^m,225.

Ainsi les corps, à la surface du Soleil, pèsent plus de 27 fois autant qu'à la surface de la Terre, 29 fois autant que sur Vénus, plus de 50 fois autant que sur Mercure, mais seulement 11 fois autant que sur Jupiter. Cela veut dire que si l'on transportait sur le Soleil un poids de 1 kilogramme, qui sur la Terre tend le ressort d'un dynamomètre jusqu'à la division marquant 1 kilogramme, ce poids y tendrait le même ressort jusqu'à la division correspondant à 27^k,366. « Les projectiles de l'artillerie, dit M. Liais, n'y auraient donc que très-peu de portée. Ils décriraient des lignes présentant une grande courbure et toucheraient le sol à quelques mètres de la pièce. » Il faudrait donc une charge de poudre beaucoup plus grande pour obtenir une portée égale à celle des pièces d'artillerie terrestres.

Sur la Terre, la force centrifuge due à la rotation du globe diminue la pesanteur dans une proportion qui va en croissant à mesure qu'on s'approche de l'équateur. Sur cette ligne, la diminution totale est de $\frac{1}{289}$. A la surface du Soleil, la force centrifuge à l'équateur n'est guère que la 18 000ᵉ partie de la gravité. Il faudrait que le Soleil tournât sur lui-même 133 fois plus vite, pour que la gravité y fût contre balancée et que le poids d'un corps y fût nul. Un mouvement de rotation 17 fois plus rapide suffirait, sur la Terre, pour produire le même résultat. La faible valeur de la force centrifuge à l'équateur du Soleil, quand on la compare à l'intensité de la gravité, suffit à expliquer l'absence ou du moins la petitesse de l'aplatissement du globe solaire, dont tous les diamètres, mesurés de la Terre, semblent rigoureusement égaux.

CHAPITRE IV

MOUVEMENT DE ROTATION DU SOLEIL

Fabricius découvre en 1611 les taches du Soleil et leur mouvement apparent. — Galilée détermine la durée de leur visibilité et celle de la rotation du Soleil.

Le globe du Soleil tourne autour d'un de ses diamètres, d'un mouvement uniforme, en un temps qui est à peu de chose près de 25 jours et demi.

La découverte de ce fait, d'une si haute importance pour l'astronomie, remonte aux premières années du XVIIᵉ siècle, à l'époque ou l'on put observer la surface du Soleil avec les lunettes récemment inventées : c'est à l'astronome hollandais Jean Fabricius qu'elle est incontestablement due, et qu'en revient tout l'honneur, comme le prouve le mémoire qu'il publia en juin 1611. Mais Giordano Bruno et Képler [1]

1. Il est assez remarquable, dit Humboldt (*Cosmos*, III), que Giordano Bruno, qui monta sur le bûcher huit ans avant l'invention du télescope et onze ans avant la découverte des taches solaires, crut à la rotation du Soleil autour de son axe. En 1609, Képler publiait son ouvrage *Astronomia nova seu Physica cœlestis*, où il démontre, par les observations de Mars, les deux premières lois qui portent son nom. C'est dans un passage de ce livre qu'il expliquait le mouvement des planètes par la rotation du Soleil.

avaient soupçonné le mouvement de rotation; et Galilée, qui découvrit de son côté les taches du Soleil la même année que Fabricius, ne tarda point à arriver à la même conclusion que le savant Hollandais. Voici dans quelles circonstances eut lieu cette importante découverte.

Fabricius, examinant un jour avec une lunette le disque du Soleil, vit avec surprise à sa surface une tache noirâtre d'assez grande dimension qu'il prit d'abord pour un nuage. Un examen plus attentif lui prouva qu'il se trompait, mais l'élévation de plus en plus grande du Soleil et l'éclat éblouissant de l'astre (on ne se servait point encore de verres noirs pour l'observation) le forcèrent à remettre au lendemain matin l'étude de ce phénomène singulier. « Mon père et moi, dit-il, nous passâmes le reste de la journée et la nuit suivante avec une extrême impatience, et en rêvant sur ce que pouvait être cette *tache;* si elle est dans le Soleil, disais-je, je la reverrai sans doute ; si elle n'est pas dans le Soleil, son mouvement nous la rendra invisible; enfin, je la revis dès le matin avec un plaisir incroyable ; mais elle avait un peu changé de place, ce qui augmenta notre incertitude; cependant nous imaginâmes de recevoir les rayons du Soleil par un petit trou dans une chambre obscure et sur un papier blanc, et nous y vîmes très-bien cette *tache* en forme de nuage allongé : le mauvais temps nous empêcha de continuer ces observations pendant trois jours. Au bout de ce temps-là, nous vîmes la *tache* qui était avancée obliquement vers l'occident. Nous en aperçûmes une autre plus petite vers le bord du Soleil; celle-ci, dans l'espace de peu de jours, parvint jusqu'au milieu.

Enfin, il en survint une troisième; la première disparut d'abord, et les autres quelques jours après. Je flottais entre l'espérance et la crainte de ne pas les revoir; mais, dix jours après, la première reparut à l'orient. Je compris alors qu'elle faisait une révolution, et depuis le commencement de l'année je me suis confirmé dans cette idée, et j'ai fait voir ces *taches* à d'autres, qui en sont persuadés comme moi. Cependant j'avais un doute qui m'empêcha d'abord d'écrire à ce sujet, et qui me faisait même repentir du temps que j'avais employé à ces observations. Je voyais que ces *taches* ne conservaient pas entre elles les mêmes distances, qu'elles changeaient de forme et de vitesse; mais j'eus d'autant plus de plaisir, lorsque j'en eus senti la raison. Comme il est vraisemblable, par ces observations, que les *taches* sont sur le corps même du Soleil, qui est sphérique et solide, elles doivent devenir plus petites et ralentir leurs mouvements, lorqu'elles arrivent sur les bords du Soleil. Nous invitons les amateurs des vérités physiques à profiter de l'ébauche que nous leur présentons : ils soupçonneront sans doute que le Soleil a un mouvement de conversion, comme l'a dit Jordanus Bruno (dans son *Traité sur l'univers*, publié en 1591) et en dernier lieu Képler, dans son livre sur les mouvements de Mars, car, sans cela, je ne sais ce que nous ferions de ces *taches*. »

Si Fabricius, comme on le voit par ce passage que cite Lalande, a bien nettement observé les mouvements apparents de taches noires à la surface du Soleil, et proposé comme explication probable le mouvement de rotation (ou de conversion) de l'astre, Galilée a été plus précis et plus explicite. Il a fixé la durée de la période de visibilité des taches, qui est de 14 jours environ. Il a réfuté l'hypothèse du jésuite Scheiner qui croyait les taches éloignées du Soleil, les assimilant à des planètes tournant autour du Soleil et nous présentant leurs faces obscures, comme il arrive de Mercure et de Vénus aux époques de leurs passages au-devant du disque solaire.

Scheiner fut convaincu par les raisons de Galilée; il fit lui-même un nombre considérable d'observations, qu'il consigna dans un in-folio de 800 pages, publié en 1630 sous le titre de ROSA URSINA, *sive Sol ex admirando facularum et macularum phœnomeno varius.*

La rotation du Soleil fut ainsi découverte un demi-siècle environ avant celle des planètes Vénus, Mars et Jupiter, et du même coup se trouva radicalement ébranlée une vieille idée que nous avaient léguée les anciens, celle de l'incorruptibilité des cieux ou des astres. Le Soleil lui-même, ce foyer de lumière, ce type de la pureté absolue, fut reconnu avoir des taches, et, comme nous l'allons bientôt voir, des taches variables, mobiles, indices de changements incessants à sa surface.

§ 2. — UNIFORMITÉ DU MOUVEMENT DES TACHES SOLAIRES. — DURÉE RÉELLE DE LA ROTATION.

Mouvement progressif des taches du bord oriental au bord occidental du Soleil. — Les taches sont à la surface même du Soleil; leur mouvement réel est uniforme. — Sens de ce mouvement, et durée moyenne de la rotation.

Sans nous préoccuper pour le moment de la nature des taches du Soleil, voyons comment l'observation de l'une d'elles conduit à la détermination du mouvement de rotation, de son uniformité et de sa durée.

A l'aide d'une lunette astronomique, c'est-à-dire qui renverse les objets [1], considérons une tache au début de son mouvement en *a*, près du bord oriental du disque (*fig.* 20). Elle paraît alors sous la forme d'un trait délié, en général beaucoup plus long que large. Pendant les premiers jours, elle semble marcher lentement tout en se rapprochant du centre; sa vitesse croît de jour en jour jusqu'à ce qu'elle arrive au centre même, ou tout au moins au milieu de sa course en *o*. En ce moment, sa vitesse est maximum : elle décroît alors

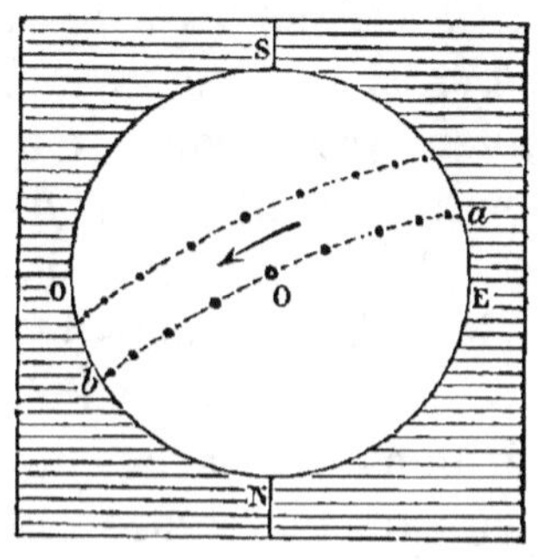

Fig 20. — Mouvement apparent d'une tache sur le disque du Soleil.

de *o* en *b* en repassant en sens inverse par les mêmes valeurs que dans la première moitié de la trajectoire.

Si deux ou plusieurs taches sont visibles en même

1. Dans une lunette astronomique, le point le plus élevé du disque solaire N se voit au bas de l'image, et au contraire le point inférieur S apparaît en haut. De même, le bord oriental, relativement à l'observateur, est à droite en E, et le bord occidental à gauche en O, contrairement à ce que donnerait la vue à l'œil nu ou dans une lunette terrestre.

Il faut aussi remarquer que le disque, entraîné par le mouvement diurne, de son lever à son coucher, prend par cela même des positions successives telles, que le point le plus bas au moment où le soleil s'élève à l'horizon, peu à peu se relève et finit au coucher du Soleil par être le point le plus élevé du disque. Cette observation est importante pour comprendre le mouvement apparent des taches.

temps, il est bien clair qu'elles ne sont pas ordinairement aux mêmes périodes de leurs mouvements. mais on remarque que leurs routes sont des lignes parallèles et semblables, tantôt droites, tantôt elliptiques selon l'époque de l'observation. De plus, bien que variées de formes et de dimensions, les unes et les autres sont difficilement visibles près des bords, où, comme on vient de le voir, elles semblent très-étroites dans le sens de leurs trajectoires, ou allongées dans un sens perpendiculaire : plus elles sont voisines du centre, plus elles semblent s'élargir dans le premier sens.

Il s'écoule le même temps entre les instants des apparitions des taches au bord oriental du Soleil, et ceux de leurs disparitions au bord occidental, quels que soient d'ailleurs l'éloignement des trajectoires par rapport au centre, et par suite les longueurs relatives des arcs décrits par chacune d'elles.

Il arrive du reste assez fréquemment qu'une tache, après avoir disparu à l'occident, reparaît à l'orient, et alors on trouve que les durées des périodes d'apparition et de disparition sont à fort peu de chose près égales entre elles, c'est-à-dire d'un peu moins de quatorze jours.

Toutes ces circonstances témoignent irrécusablement du mouvement de rotation de l'astre : les taches sont des accidents temporaires de sa surface, que cette rotation nous permet d'observer dans toute sa périphérie.

Elles appartiennent à la surface même. Si, en effet, il s'agissait de corps tournant à distance autour du Soleil, comme des planètes, leur mouvement apparent en avant du disque nous semblerait d'autant plus uniforme, que cette distance serait plus grande : c'est ce qu'on observe dans les passages de Vénus et de Mercure. D'ailleurs, ces corps se projetteraient en noir, mais en conservant les mêmes dimensions apparentes au bord qu'au centre : il n'y aurait pas ces variations de forme qu'on a constatées dans les taches. Enfin, la durée de leur passage au-devant du disque devrait être notablement plus courte que la durée de la disparition, laquelle correspondrait nécessairement à une portion beaucoup plus grande des orbites.

On a supposé encore que les taches sont entraînées à la surface du Soleil par un mouvement qui leur est propre. Il y a dans cette hypothèse, nous le verrons plus loin, quelque chose de vrai ; mais, en réalité, c'est bien la masse du Soleil, sa sphère entière, qui entraîne les taches et détermine leur mouvement d'ensemble. Comment des corps isolés, indépendants de la masse et indépendants entre eux, pourraient-ils affecter dans leur marche une telle régularité, se mouvoir dans des trajectoires parallèles semblables ?

Les variations de vitesse d'une même tache, vue dans son mouvement total du bord oriental au bord occidental en passant par le centre, prouvent précisément l'uniformité de la rotation solaire. C'est ce qu'a bien vu Fabricius, et ce qu'on va aisément comprendre.

Une tache qui nous semble décrire une ligne droite ou une courbe elliptique sur le disque, décrit en réalité un cercle sur la surface du Soleil..Si nous voyions de face la demi-circonférence de la trajectoire visible, la tache, en parcourant les arcs égaux A*a*, *ab*, *bc*, *cd*, *de*, *ef*, *fg*, B*g* (*fig.* 21), nous semblerait animée de sa vitesse vraie, et si son mouvement

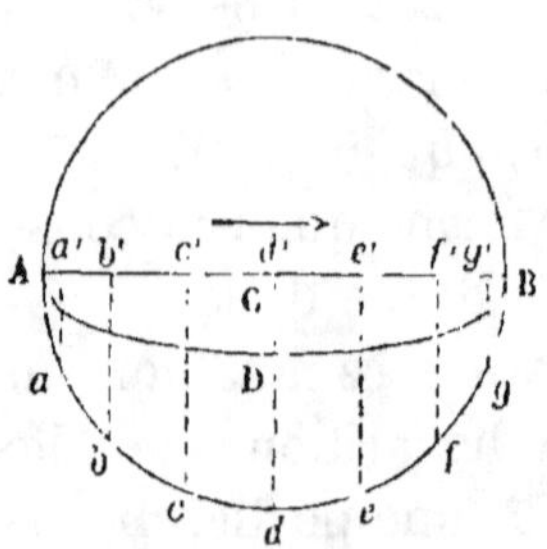

Fig. 21. — Mouvement progressif apparent d'une tache ; uniformité réelle de ce mouvement.

était uniforme, la vitesse apparente serait aussi uniforme. Mais nous voyons la route suivie par la tache en raccourci, tantôt comme une ligne droite ACB, tantôt comme une courbe allongée ADB. Près des bords, la projection de l'arc A*a* est A*a*'; il se trouve considérablement diminué; près du centre, l'arc égal *cd* se projette en *c'd'*, à peu près en vraie grandeur. Et cependant les deux projections sont parcourues en même temps par la tache. Elle semble donc animée d'un mouvement beaucoup plus rapide au centre qu'au bord. Le rapport des vitesses apparentes se calcule aisément. Or, on trouve qu'il est précisément égal à celui que donne la géométrie dans l'hypothèse de l'uniformité de la rotation. Les choses se passent comme l'exigent les lois de la perspective, pour une sphère animée d'un mouvement de rotation autour d'un axe ou de deux pôles de direction invariable.

Ainsi, voilà donc un fait hors de doute. Le Soleil tourne sur lui-même et le sens de sa rotation est de droite à gauche pour un observateur qui aurait les pieds sur le plan de son équateur, la tête du côté de l'hémisphère nord du Soleil. C'est le sens des mouvements de rotation et de translation de la Terre et de toutes les planètes, celui qu'on caractérise en dısant que le mouvement se fait d'occident en orient [1].

La durée apparente du mouvement des taches est le temps qui s'écoule, par exemple, entre le moment du passage d'une tache au centre et son retour au même point, pour un observateur placé sur la Terre. Nous verrons bientôt que cette durée varie selon la latitude des taches rapportée à l'équateur solaire. Cela explique comment il se fait que les nombres trouvés par les astronomes qui l'ont déterminée à diverses époques varient notablement. Cassini fixait la durée de la rotation apparente à 27 j. 12 h. 20^m; Lalande à 27 j. 7 h. 37^m 27^s; Laugier à 27 j. 4 h. en moyenne.

Mais la durée de la rotation réelle est moindre que celle de la rotation apparente, et la cause de cette différence est due à la translation de la Terre autour du Soleil. En effet, supposons un instant la Térre immobile : le temps qu'une même tache, abstraction faite de tout mouvement propre ou de déplacement de la tache sur le Soleil, mettrait à revenir au centre du disque, serait évidemment celui que l'astre mettrait à tourner sur lui-même. Si, au contraire, la Terre décrivait son orbite entière dans le même temps qu'une tache accomplirait sa rotation, les sens des deux mouvements étant les mêmes, il est clair que l'observateur suivrait exactement la tache qui lui semblerait immobile sur le disque solaire.

---

[1] En regardant le Soleil, on se tourne vers le sud de l'horizon, et il en résulte que la rotation se fait, pour l'observateur, du bord du disque tourné à l'orient vers le bord occidental. C'est le sens indiqué par les flèches des figures 21, 22 et 23, si l'on observe à l'œil nu.

C'est entre ces deux suppositions extrêmes que se trouve la réalité. Pendant que le Soleil effectue une rotation complète, la Terre s'avance dans le même sens sur son orbite. La tache qui était, par hypothèse, au centre du disque au début de l'observation, est bien revenue à la même position sur la surface du Soleil, mais cette position n'est plus au centre du disque : elle est à l'occident de ce centre ; pour qu'elle revienne de nouveau au centre apparent, il faut qu'elle marche encore un certain temps, pendant que la Terre même s'avancera encore sur son orbite ; mais on va voir qu'il est aisé de déduire la durée de la rotation réelle de la durée de la rotation apparente.

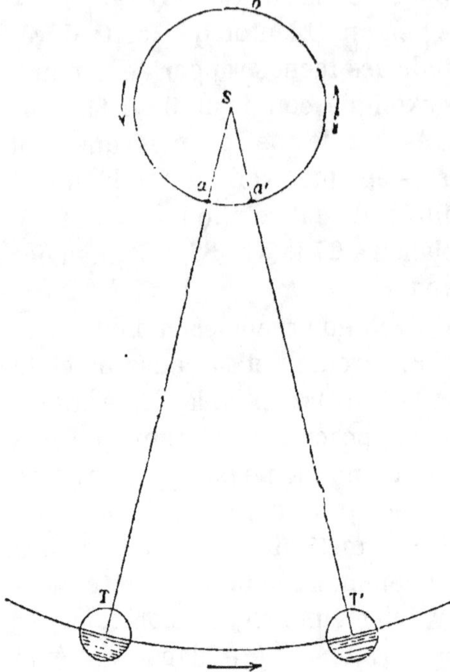

Fig. 22. — Différence de durée entre la rotation apparente et la rotation réelle d'une tache solaire.

Soit *a* (*fig.* 22) une tache vue au centre du disque par l'observateur posté en T, à la surface de la Terre. Au bout d'un peu plus de 27 jours, la tache a décrit une circonférence entière *aba*, plus un arc *aa'*, et elle semble de nouveau occuper le centre pour l'observateur, qui s'est avancé en T'. Toute la question est de savoir combien cet arc aa' contient de degrés, de minutes, de secondes. Or, l'arc aa' a angulairement la même valeur que l'arc de l'orbite terrestre TT', et celui-ci n'est autre chose que le chemin parcouru par la Terre, pendant tout le temps de la rotation apparente du Soleil. Ainsi la tache a décrit une circonférence entière, plus un nombre de degrés égal à celui qui mesure le chemin en question, lequel est bien connu.

Un calcul très-simple montre que la durée réelle de la rotation solaire est d'environ *deux jours* moindre que celle de la rotation apparente. Une tache qui met 27 jours 4 heures à revenir au centre donne pour la durée de la rotation 25 jours 34 centièmes, ou 25 jours 8 heures.

§ 3. — ÉLÉMENTS DU MOUVEMENT DE ROTATION. — PÔLES ET ÉQUATEUR DU SOLEIL.

Trajectoires des taches; à quelles époques de l'année elles paraissent rectilignes. — Nœuds de l'équateur du Soleil.

Les astronomes ont des méthodes rigoureuses pour déduire des positions successives d'une tache la position de l'axe de rotation, et par suite celles des pôles et de l'équateur du Soleil.

Si l'axe eût été perpendiculaire au plan de l'écliptique ou de l'orbite terrestre, le plan de l'équateur solaire eût coïncidé avec l'écliptique; et nous eussions toujours vu les taches décrire sur le disque des lignes droites parallèles à l'écliptique même. L'observation prouve qu'il n'en est point ainsi, puisque les trajectoires des taches sont, suivant l'époque, des lignes courbes convexes par en haut ou par en bas, ou des lignes droites, non parallèles à l'écliptique.

D'après Carrington, l'équateur du Soleil est incliné de 7° 15' sur le plan de l'orbite terrestre, de sorte

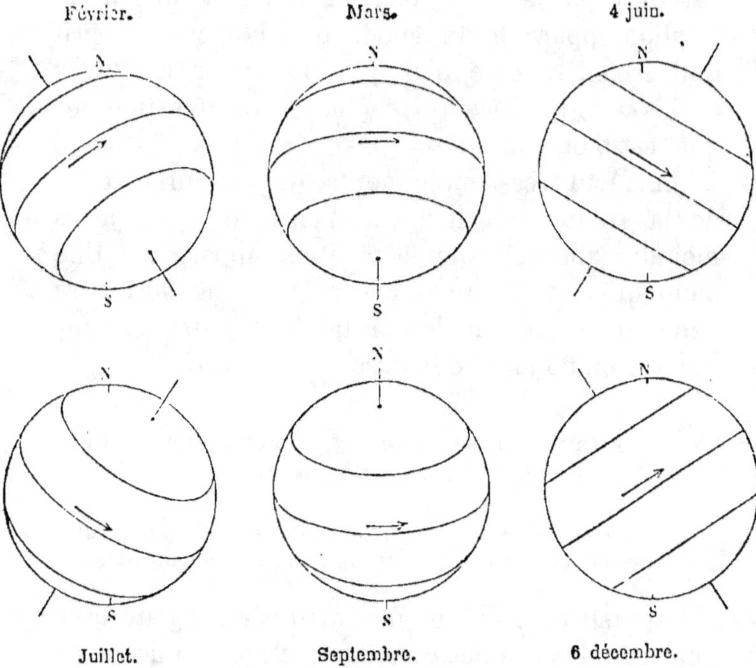

Fig. 23. — Formes des trajectoires des taches sur le disque solaire à diverses époques de l'année.

que la ligne des pôles fait avec le même plan un angle de 82° 45'. Il résulte de là que la Terre, dans son mouvement annuel, se trouve tantôt au-dessus du plan de l'équateur solaire, et alors nous voyons les taches décrire des ellipses dont la concavité est tournée vers le pôle nord ; tantôt au-dessous de ce plan, et alors c'est le pôle sud que nous apercevons. Dans ce cas, les taches décrivent des ellipses dont la concavité est tournée en sens opposé. En deux points diamétralement opposés de son orbite, la Terre se trouve dans le plan même de l'équateur du Soleil, et ce sont ces points qu'on nomme, l'un le nœud ascendant, l'autre le nœud descendant [1]. Alors les trajectoires des taches ont l'apparence de lignes droites, mais inclinées en sens contraires. C'est, d'une part, vers le 4 juin, d'autre part entre le 5 et le 6 décembre, qu'ont lieu ces deux passages de la Terre par les nœuds de l'équateur du Soleil, et que les taches, entraînées par le mouvement de rotation, nous semblent décrire des lignes droites sur le disque. C'est donc de juin à décembre que les taches décrivent des lignes concaves vers le pôle nord de l'astre ; de décembre à juin, que les trajectoires paraissent concaves du côté du pôle sud.

§ 4. — VARIATIONS DANS LA DURÉE DE LA ROTATION DU SOLEIL A DIVERSES LATITUDES

Mouvements propres des taches solaires. — Différences entre les durées de leurs rotations, selon leurs distances à l'équateur du Soleil. — Observations de MM. Laugier, Carrington et Spœrer.

Si, comme on l'a vu plus haut, le mouvement de rotation du Soleil, déduit de l'observation des taches, est parfaitement uniforme, le calcul de la durée réelle doit toujours donner le même nombre, pourvu toutefois que les taches n'aient pas de déplacements

---

1. D'après Carrington, la longitude du nœud ascendant de l'équateur du Soleil est de 73° 40' (1850). La Terre passe par ce point le 4 juin.

propres à la surface de l'astre. Or, l'étude attentive et prolongée de ces mouvements a fait reconnaître que les choses ne se passent pas avec cette rigoureuse régularité. D'abord, les taches se déforment, augmentent, diminuent de dimensions ; cela seul suffirait à amener des différences dans le calcul de leurs positions. Mais on a soupçonné bientôt que les taches, outre les changements intérieurs qu'elles subissent, ne conservent pas à la surface du Soleil une position invariable, qu'elles ont ce qu'on nomme un mouvement propre, distinct du mouvement général d'ensemble qui les entraîne, avec la masse entière de l'astre, d'occident en orient.

Il résulte de plusieurs séries d'observations très-minutieuses dues à M. Laugier, que, non-seulement des taches différentes donnent pour la rotation des durées sensiblement différentes, mais encore qu'une même tache observée à des périodes diverses de son mouvement offre des divergences analogues, bien que moins étendues. Ainsi, 29 taches observées donnèrent une durée de la rotation moyenne égale à 25 j. 34, mais les durées extrêmes calculées oscillent entre un maximum de 26 j. 23 et un minimum de 25 j. 28 ; une même tache donnait pour la rotation des nombres différant entre eux de 2 à 5 heures. C'était la preuve évidente du mouvement propre des taches, qui devint encore plus certain, par la mesure des variations de distances de deux taches voisines. C'est ainsi que l'astronome que nous citons a trouvé pour la vitesse de déplacement d'une tache à la surface du Soleil le nombre de 111 mètres par seconde.

Un fait d'une haute importance et qui concorde

avec les observations précédentes, a été mis en lumière récemment par un astronome anglais, M. Carrington. Cet observateur a déduit de sept années et demie d'une étude continue des taches solaires, cette conséquence que les taches ne sont pas animées de la même vitesse angulaire de rotation : cette vitesse varie avec la position des taches relativement à l'équateur solaire, avec leur latitude héliocentrique [1].

En général, plus une tache est voisine de l'équateur, plus son mouvement de rotation est rapide ; plus sa latitude est grande, plus ce mouvement est lent. La variation dont il s'agit suit d'ailleurs une loi régulière et continue. Nous verrons plus loin quelles conséquences on a tirées de ce fait pour la constitution physique du Soleil ; voici, en attendant, quelques-uns des résultats trouvés par M. Carrington [2] :

Rotation du Soleil à diverses latitudes.

Latitudes boréales.		j.		Durées des rotations.		
				j.	h.	m.
	50°	27.445	ou	27	10	41
	30°	26.207	—	26	9	46
	20°	25.714	—	25	17	8
	15°	25.382	—	25	9	10
	10°	25.145	—	25	3	29
	5°	25.029	—	25	0	42
Equateur	0°	24.913	—	24	2	11

1. Un astronome allemand, M. Spœrer, est arrivé de son côté aux mêmes conséquences.

2. Les détails des observations dont nous parlons, et tous les calculs relatifs à la position et aux mouvements des taches sont consignés dans un magnifique ouvrage publié en 1863, sous ce titre :

OBSERVATIONS OF THE SPOTS ON THE SUN, *from november 9 1853, to march 24 1861*, made at Redhil by Richard Christopher Carrington. — L'Académie des sciences a décerné le prix Lalande, en 1864, à ce beau travail.

Latitudes australes.　　　　　　　Durée des rotations.

	j.		j.	h.	m.
5°	24.971	—	24	23	18
10°	25.233	—	25	5	35
15°	25.573	—	25	13	31
20°	25.745	—	25	17	52
30°	26.535	—	26	12	50
45°	28.458	—	28	11	0

Comme conséquence du mouvement de rotation du Soleil autour d'un de ses diamètres, la forme de son globe doit être celle d'un ellipsoïde, aplati aux pôles ou, ce qui est la même chose, renflé autour de la circonférence équatoriale : c'est un effet nécessaire de la force centrifuge. On sait que telle est la forme de la Terre, et telles aussi celles des autres planètes, Mars, Jupiter, Saturne. Cependant, on ne peut constater de différence appréciable dans les diamètres du disque solaire. Cela tient, on l'a vu plus haut, à la prépondérance de la pesanteur sur la force centrifuge qui est faible pour un mouvement de rotation aussi lent que celui du Soleil.

N'oublions pas, du reste, en parlant de la lenteur de la rotation, qu'il s'agit ici de la vitesse angulaire. La vitesse réelle est considérable : ainsi un point de l'équateur du Soleil ne parcourt pas moins, par le fait de la rotation de l'astre, de 2 013 mètres par seconde : c'est une vitesse en réalité quatre fois $\frac{1}{3}$ environ aussi grande que celle d'un point de l'équateur terrestre.

CHAPITRE V

LE SOLEIL DANS LE MONDE SIDÉRAL

———

§ 1. — LE SOLEIL EST UNE ÉTOILE.

Le Soleil vu de Neptune, aux limites du monde planétaire.
— Sa grandeur apparente, à la distance des étoiles, à la
distance de Sirius. — La constitution chimique des étoiles
est semblable à celle du Soleil. — Le Soleil est une étoile
de moyenne grandeur.

Reculons par la pensée le Soleil dans les profondeurs de l'espace; supposons qu'il s'éloigne de plus en plus de la Terre. Quelle apparence prendra-t-il à nos yeux?

Peu à peu, nous verrons diminuer le diamètre apparent de l'astre, sans que l'éclat intrinsèque de sa lumière perde de sa vivacité. Arrivé aux dernières limites connues du monde planétaire, à la distance de Neptune, son disque ne soustendra plus qu'un angle 30 fois moindre; de 32' 3" 6, qui est sa valeur moyenne actuelle, il sera réduit à 1' 4" : c'est encore une dimension très-appréciable. Quant à l'intensité de sa lumière et de sa chaleur, bien que devenue 1 000 fois moindre, elle dépasserait énormément encore celle des étoiles les plus brillantes, puisque la lumière du Soleil éclaire la Terre

comme vingt-deux mille millions d'étoiles pareilles
à l'étoile de première grandeur Alpha du Centaure.
(J. Herschel.)

Si, continuant sa route au-delà des bornes du
monde de planètes qu'il échauffe et éclaire, le Soleil
franchissait dans ce voyage idéal l'abîme qui le
sépare aujourd'hui de l'étoile la plus voisine, son
diamètre, réduit à moins d'un centième de seconde,
deviendrait absolument imperceptible; les micro-
mètres les plus parfaits n'en pourraient mesurer les
dimensions. A la distance qui correspond à une parallaxe annuelle de 1", et qui équivaut à 206 000 fois
environ sa distance actuelle à la Terre, l'extinction
de sa lumière serait telle, qu'il se verrait tout au plus
sous l'aspect d'une étoile de première à seconde
grandeur. Son éclat, diminué dans le rapport du carré
de 206 000 à l'unité, se trouverait en effet réduit à
la 42 500 000 000ᵉ partie de sa valeur : c'est à peu
près la moitié de celui d'Alpha du Centaure. On
évalue l'éclat de Sirius à quatre fois celui de cette
dernière étoile, de sorte que le Soleil transporté à
la distance des étoiles les plus rapprochées serait
huit fois moins brillant que Sirius.

Que serait-ce, s'il s'éloignait encore jusqu'à la distance de Sirius même, laquelle est environ six fois
plus considérable que celle où nous venons de le
supposer? L'extinction de sa lumière serait 36 fois
plus forte, et en effet sir John Herschel considère
la splendeur intrinsèque de Sirius comme égale à
225 fois celle du Soleil.

La photométrie stellaire, ou l'étude comparative
des intensités lumineuses des astres, est encore bien
imparfaite, et les nombres que nous venons de

transcrire n'ont qu'un degré de précision assez faible. Mais ils suffisent pour prouver, sans contestation possible, que notre Soleil ne ferait pas, dans le monde sidéral, d'autre figure qu'une étoile, et une étoile de moyenne grandeur. D'autre part, les mêmes considérations obligent à considérer les étoiles comme des sources lumineuses proprement dites. Aux énormes distances qui nous séparent des plus rapprochées, il n'est pas possible que la lumière dont elles brillent soit de la lumière réfléchie. Ce sont des soleils comme le nôtre, et l'on peut dire à volonté que le soleil est une étoile, ou que les étoiles sont des soleils.

Ces vues, qui jettent un si grand jour sur la constitution de l'univers, ont été récemment confirmées par l'étude comparative des lumières stellaires avec la lumière du Soleil. La méthode connue en physique sous le nom d'analyse spectrale permet de classer les sources lumineuses d'après les particularités qu'offrent leurs lumières décomposées par le prisme. Nous verrons plus loin quelle est la signification des raies obscures dont le spectre solaire est sillonné ; comment elles accusent la présence d'un certain nombre de corps simples, métalliques ou autres, que l'incandescence réduit à l'état de vapeurs dans l'atmosphère de l'astre. Eh bien, les spectres des étoiles, étudiés par la même méthode, ont fait voir qu'il y a analogie de constitution entre la plupart d'entre elles (on n'a pu analyser encore qu'une soixantaine parmi les plus brillantes) et notre Soleil. Les raies sombres dont ces spectres sont sillonnés indiquent aussi que la lumière stellaire traverse, avant de se répandre dans l'espace, une atmosphère de vapeur absorbante ; mais les substances chimiques qui caractérisent chacune d'elles varient de l'une à l'autre : le sodium, le magnésium existent dans un grand nombre ; dans d'autres, c'est l'hydrogène, le fer, le bismuth, le mercure, etc.

Il y a sans doute, dans ces mondes lointains, une variété infinie. Leurs dimensions réelles, l'éclat intrinsèque de leurs lumières, leurs couleurs, la nature chimique et le nombre des substances dont ils sont formés varient. Ce qui reste démontré, c'est l'analogie qui existe entre la plupart d'entre eux et notre monde solaire. Autour de chaque étoile existe-t-il, comme autour du Soleil, des corps semblables aux planètes, à leurs satellites, aux comètes ? La probabilité est grande, mais les distances sont trop considérables pour qu'on puisse espérer de vérifier jamais de telles conjectures par l'observation directe. Ce qui est certain, c'est qu'un observateur posté sur l'une des étoiles qui brillent dans les profondeurs du ciel, en jetant les yeux dans la direction de notre monde, le verrait comme une simple étoile, confondue dans la multitude des points lumineux stellaires.

§ 2. — LE SOLEIL EST UNE ÉTOILE DE LA VOIE LACTÉE.

Quelle est la position du Soleil dans le monde des étoiles ? — La Voie lactée ; sa forme, sa constitution. — Le Soleil est une étoile de la Voie lactée ; sa position dans la nébuleuse, d'après W. Herschel.

Quelle est la position du Soleil dans l'univers sidéral ? Puisqu'il est une des étoiles dont cet univers se compose, n'a-t-il pas avec les autres des rapports de situation et de mouvement ? Ne fait-il point partie de quelques-uns des groupes que le télescope y découvre, çà et là parsemés, à des profondeurs pour ainsi dire infinies?

Il est certain qu'un grand nombre d'étoiles ne sont pas isolées. Parmi celles qui apparaissent simples à l'œil nu, il en est des milliers qui se montrent doubles, triples, dans les télescopes ; et ce n'est point le plus souvent par un simple effet optique de perspective, puisqu'on a constaté, dans un grand nombre de couples, les mouvements de révolutions de l'une des composantes autour de l'autre. De plus, on sait qu'un grand nombre des petits nuages célestes qu'on nomme *nébuleuses*, ne sont autre chose que des amas, des agglomérations d'étoiles que la prodigieuse immensité de leur distance à notre monde fait paraître condensées dans un petit espace apparent. Le Soleil n'est-il pas lui-même une étoile d'un pareil groupe?

A une telle question, la science, depuis W. Herschel, peut répondre par l'affirmative. Ce grand astronome, ce laborieux et sagace observateur, a démontré une vérité qui avait du reste été entrevue par Kant, par Lambert et par plusieurs autres savants : c'est que le Soleil fait partie de l'immense agglomération stellaire qui entoure le ciel entier et qu'on nomme la Voie lactée.

Cette grande zone, en effet, se déroule sur le fond du ciel, à peu près selon la circonférence d'un grand cercle de la sphère étoilée, abstraction faite, bien entendu, des irrégularités de sa forme et des inégalités que présente sa largeur dans les divers points de sa périphérie : elle divise le ciel en deux parties qui n'offrent pas tout à fait la même étendue, la plus petite des deux étant celle qui renferme les Poissons, la Baleine, c'est-à-dire les constellations voisines du point équinoxial du printemps.

Ainsi déjà, il résulte clairement de cette apparence générale que la Voie lactée entoure de toutes parts le lieu que notre monde et, par suite, le Soleil occupent dans l'espace.

A l'œil nu comme au télescope, la Voie lactée n'a pas partout le même éclat. Le fond nébuleux qui la compose est diversement intense, et comme cette apparence est due à la condensation d'une multitude de très-petites étoiles, cette condensation est très-irrégulière dans les diverses parties. Pour étudier la richesse en étoiles de ces parties, Herschel a employé sa méthode des jauges, qui consistait à compter les nombres d'étoiles visibles dansle cha mp de son télescope, à mesure que le mouvement diurne y faisait défiler les régions successives de la zone : il employa dans ce but des instruments de plus en plus puissants, ayant, comme il le disait, des pouvoirs de pénétration dans l'espace de plus en plus considérables. Il reconnut ainsi que l'étendue de la Voie lactée va en croissant avec la puissance des instruments, qu'en nombre de points elle est réellement insondable ; sa faible largeur relativement à ses autres dimensions montre qu'elle est formée par une couche de soleils, distribués en amas irréguliers, et compris entre deux plans à peu près parallèles, qui donnent à l'ensemble la figure d'une meule aplatie et dédoublée sur près de la moitié de sa circonférence.

C'est à peu près au centre de cette gigantesque agglomération d'étoiles, vers le milieu de l'épaisseur, et près de la région où a lieu la séparation de la zone en deux couches ou lames principales, que se trouve, perdu dans ce tourbillon de mondes, notre petit monde solaire, dont les dimensions nous ont semblé d'abord si grandes, qu'un second aperçu de l'univers stellaire nous a montré comme une étoile de second ou de troisième ordre, et qui maintenant se trouve n'être plus qu'un atôme dans la poussière lumineuse de la Voie lactée.

La position du Soleil dans la zone rend compte de l'aspect général de tout le firmament, et démontre en outre que toutes les étoiles çà et là disséminées, et en apparence éloignées de la grande nébuleuse, en font vraisemblablement partie.

En effet, quand du point S où nous sommes situés (*fig.* 24), le rayon visuel est dirigé dans le sens S*f* de la longueur de la couche stellaire, il rencontre des files pour ainsi dire indéfinies d'étoiles et d'amas d'é-toiles, qui donnent à la Voie lactée sa densité et son éclat maximum. Si, au contraire l'œil regarde dans des directions de moins en moins inclinées, telles que S*a*, le rayon visuel traverse des couches de moins en moins épaisses, et la densité doit décroître avec une grande rapidité. Enfin, dans le sens S*b*, perpendiculaire à l'épaisseur de la couche, les étoiles doivent paraître dispersées, comme cela a lieu dans les parties du ciel les plus éloignées en apparence de la grande zone nébuleuse. « C'est ainsi, dit J. Herschel, dans ses *Outlines of Astronomy*, qu'on voit une faible brume répandue dans l'atmosphère en couches d'une mince épaisseur, paraître à l'horizon comme un banc nébuleux d'une densité très-prononcée, par le simple effet de l'accroissement rapide du rayon visuel. »

La figure 24, qui représente, d'après les vues d'Herschel, une coupe de la Voie lactée perpendiculaire à son épaisseur et dans le sens du grand diamètre qui passe par lieu du Soleil, rend l'explication précédente très-aisée à concevoir. A l'appui de cette conception si rationnelle, nous mentionnerons la décroissance rapide de la richesse en étoiles des régions célestes, qui, de la Voie lactée, vont de part et d'autre jusqu'aux deux pôles du grand cercle qui suit la zone nébuleuse. Les pôles de la Voie

Fig 24. — Position du Soleil dans la Voie lactée.

lactée sont situés, le pôle Nord, près de la Chevelure de Bérénice; le pôle Sud, dans la constellation de la Baleine. Quand, de l'un ou de l'autre de ces points, on s'avance progressivement vers la Voie lactée, le nombre moyen des étoiles va en croissant, d'abord très-lentement, puis, à partir du voisinage du plan galactique, avec une très-grande rapidité, de sorte qu'il est environ trente fois plus considérable dans ce plan que dans les régions polaires dont nous parlons ici.

Jusqu'à présent nous n'avons qu'une idée générale de la forme de la Voie lactée et de la position qu'occupe le Soleil au sein de l'immmense nébuleuse. Pour compléter ce qu'on sait de sa structure, il faut y joindre quelques notions sur ses dimensions réelles.

En comparant l'éclat photométrique des étoiles des divers ordres de grandeur avec l'ordre des distances probables, W Herschel est arrivé aux plus étonnantes considérations sur les dimensions de la Voie lactée.

Les étoiles visibles à l'œil nu comprennent, on le sait, les six premiers ordres de grandeur. L'illustre astronome de Sloug établit qu'en moyenne celles du sixième ordre, c'est-à-dire les plus petites étoiles visibles à l'œil nu, sont 12 fois plus éloignées que les étoiles de première grandeur. Partant de là, et calculant la puissance de pénétration de ses télescopes dans l'espace, il arrive à cette conséquence, qu'on aperçoit dans les profondeurs du ciel des étoiles situées à une distance 2,300 fois plus considérable que la distance moyenne des étoiles du premier ordre. Et cependant Herschel reconnaissait que l'étendue visible de la Voie lactée, dans certaines de ses régions, ne faisait qu'augmenter avec la puissance des instruments, que même son grand télescope de 40 pieds ne parvenait point aux limites de la nébuleuse, qu'il déclare *insondable*.

Maintenant, qu'on se rappelle la distance effrayante où nous sommes déjà de l'étoile la plus rapprochée de notre monde, distance telle que la lumière met des années à la franchir; et l'on arrivera à ce résultat prodigieux, que la Voie lactée, dans la direction des plus lointaines régions accessibles à notre vue, exigerait, pour être traversée d'outre en outre par un rayon lumineux, plus de dix mille années. Ainsi, lorsque, mettant l'œil à l'oculaire d'un des grands instruments d'astronomie, nous percevons sur le fond noir du ciel les points lumineux les plus faibles, nous recevons sur notre rétine l'impression d'un mouvement ondulatoire, parti, il y dix mille ans, de la masse incandescente de soleils pareils au nôtre, et faisant comme lui partie du même groupe sidéral.

Évaluant l'épaisseur de la Voie lactée d'après sa largeur apparente, Herschel arrive à ce résultat, que cette épaisseur est environ 80 fois plus grande que la distance des étoiles de première grandeur. Ainsi, la couche stellaire déborde de beaucoup, dans ce sens, l'étendue de la vue simple : dans la direction de ses pôles, elle s'étend trois fois plus loin que la distance des dernières étoiles visibles à l'œil nu. D'où résulte cette conséquence, déjà énoncée plus haut que « non-seulement notre Soleil, mais toutes les étoiles que nous pouvons voir à l'œil nu, sont profondément plongés dans la Voie lactée et en font une portion intégrante. »

1. Struve, *Études d'Astronomie stellaire.*

§ 3. — MOUVEMENT DE TRANSLATION DU SOLEIL DANS L'ESPACE.

Opinion de Lalande sur la probabilité d'un mouvement de translation du Soleil ; liaison de ce mouvement avec la rotation. — Aperçus de Lambert. — W. Herschel résout le problème ; point vers lequel se dirige le système solaire. — Le mouvement universel.

Ainsi, non-seulement nous savons que le Soleil est une étoile, mais encore nous pouvons dire quelle est sa situation dans l'univers sidéral : il fait certainement partie de l'immense agglomération d'étoiles, d'amas d'étoiles et de nébuleuses, connue sous le nom de Voie lactée.

Il reste à savoir si nous sommes immobiles ou en mouvement dans cette fourmilière d'étoiles. Je dis *nous*, parce que la Terre et toutes les planètes, si le Soleil se meut, le suivent nécessairement dans sa pérégrination interstellaire.

Déjà nous avons vu que le Soleil a un mouvement de rotation sur lui-même. Eh bien, ce seul fait eût suffi, à défaut d'observation directe, pour rendre extrêmement probable le mouvement de translation dont on va voir qu'il est animé. Dès 1776, Lalande avait soupçonné ce mouvement, et fait voir sa liaison nécessaire et logique avec le mouvement de rotation ; voici en quels termes il exprimait cette opinion dans l'*Encyclopédie méthodique :*

« La rotation du Soleil, disait-il, indique un mouvement de translation ou un déplacement du Soleil qui sera peut-être un jour un phénomène bien remarquable dans la cosmologie. Le mouvement de rotation considéré comme l'effet physique d'une cause quelconque est produit par une impulsion communiquée hors du centre ; mais une force quelconque imprimée à un corps et capable de le faire tourner autour de son centre, ne peut manquer aussi de déplacer le centre, et l'on ne saurait concevoir l'un sans l'autre. *Il est donc évident que le Soleil a un mouvement réel dans l'espace absolu ;* mais comme nécessairement il entraîne la Terre, de même que toutes les planètes et les comètes qui tournent autour de lui, nous ne pouvons nous apercevoir de ce mouvement, à moins que, par la suite des siècles, le Soleil ne soit arrivé sensiblement plus près des étoiles qui sont d'un côté que de celles qui sont opposées ; alors les distances apparentes des étoiles entre elles auront augmenté d'un côté et diminué de l'autre, ce qui nous apprendra de quel côté se fait le mouvement de translation du sytème solaire. Mais il y a si peu de temps que l'on observe, et la distance des étoiles est si grande, qu'on ne pourra de longtemps constater la quantité de ce déplacement. »

Fontenelle, Bradley, Tobie Mayer, Lambert avaient également entrevu comme une hypothèse probable le mouvement de translation du Soleil, mais sans la formuler d'une manière aussi précise. « Chaque étoile fixe, dit Lambert dans ses *Lettres cosmologiques*, a dans les plaines de l'espace son orbite tracée, qu'elle parcourt en traînant à sa suite tout son cortège de planètes et de comètes. Si l'on pouvait démontrer que tout corps qui tourne sur son axe doit aussi se mouvoir dans une orbite, on ne pourrait plus disputer à notre Soleil ce dernier mouvement puisqu'il a le premier. Il y a apparence que le mécanisme du monde exige la liaison de ces deux mouvements, quoique nous n'en voyons pas distinctement la cause. Ce qu'il y a de certain, c'est que le Soleil se déplace.... » Parlant plus loin des mouvements propres des étoiles, il ajoute : « Comme ce déplacement apparent des étoiles fixes dépend du mouvement du Soleil aussi bien que du leur propre, il y aurait peut-être moyen de conclure de là vers quelle région du ciel notre Soleil prend sa course. Mais que de temps ne s'écoulera-t-il point avant que nous connaissions celui de la révolution du Soleil ! Une année platonique (26,000 ans) y suffirait-elle? Peut-être que, dans une pareille année, il ne parcourt qu'un signe de son zodiaque. »

Dans tout ceci, on le voit, il ne s'agit que de prévisions théoriques, de conjectures. Il était réservé à W. Herschel de les appuyer le premier sur la base solide des observations, et il faut avouer que c'était une tâche plus ardue que celle de concevoir l'hypothèse elle-même, quelque élevée qu'elle fût à l'époque où elle fut mise au jour pour la première fois.

De quoi s'agissait-il, en effet? De démêler, au milieu des mouvements apparents ou réels dont les étoiles sont affectées, le mouvement d'ensemble que doit produire, pour un observateur terrestre, le déplacement supposé et encore inconnu en direction du système solaire dans l'espace. La précession des équinoxes, la nutation, le mouvement annuel de la Terre autour du Soleil, l'aberration de la lumière sont autant de causes qui modifient, dans un sens ou dans l'autre, les positions des étoiles, jadis supposées fixes, sur la voûte étoilée. Chacune d'elles, en outre, a probablement un mouvement propre, comme on l'a constaté pour un certain nombre d'entre elles, lequel indique une véritable translation dans l'espace. Imaginons qu'on ait déterminé la part qui revient à chacune de ces causes, et qu'on lui ait assigné sa vraie grandeur, puis, qu'on en fasse abstraction ; que restera-t-il ? Plus rien, si le Soleil est immobile ; mais, si, au contraire, il est entraîné, avec tout son cortége de planètes, vers une certaine région du ciel, on trouvera nécessairement pour résidu de tous les autres déplacements, apparents ou réels, un mouvement d'ensemble. Dans la direction de la plage stellaire vers laquelle il s'avance, les étoiles sembleront s'éloigner les unes des autres : leurs distances angulaires s'élargiront à mesure que le système solaire se rapprochera, tandis qu'à l'opposé il y aura un mouvement de convergence ; les étoiles se resserreront, par le fait seul que nous nous en éloignerons de plus en plus.

C'est ainsi qu'un voyageur qui, au centre d'une vaste plaine, s'avance en ligne droite sur une route aboutissant à deux points extrêmes de l'horizon, voit au-devant de lui tous les objets, d'abord rapprochés, s'écarter peu à peu, tandis que derrière lui ceux qu'il quitte se rapprochent progressivement, par un effet de perspective aisé à comprendre. Sur les côtés, les arbres sembleront fuir en sens inverse de sa marche. Tous ces mouvements apparents, en sens divers ont entre eux et avec la direction de la route et la vitesse du voyageur, des rapports déterminés, de sorte que, si celui-ci n'avait pas conscience de son propre mouvement, la corrélation dont il s'agit suffirait pour le faire reconnaître.

On voit que si le problème à résoudre était théoriquement très-simple, la solution par l'observation directe était, au contraire, d'une grande complexité. Avec sa hardiesse et sa persévérance ordinaires, W. Herschel l'aborda, et dès 1783, il annonçait que la question était résolue, ou pour le moins largement ébauchée. Il avait conclu de la discussion des mouvements propres d'un petit nombre d'étoiles que le Soleil marche vers l'étoile λ de la constellation d'Hercule, en un point du ciel qui, à cette époque, avait 257° d'ascension droite et 25° de déclinaison boréale.

Cinquante ans plus tard, Argelander [1] reprit, sur de nouvelles données, plus nombreuses et plus précises, la détermination du point de convergence. Puis vinrent Bravais, Otto Struve, Gauss, Galloway, dont les recherches ne firent que confirmer celles d'Herschel et d'Argelander. Les calculs combinés de Struve et d'Argelander donnent au point en question la position suivante pour l'époque 1840 :

Ascension droite   259° 35',1
Déclinaison boréale   34° 33',6

Struve réussit en outre à déterminer la vitesse du mouvement de translation. Vu de face, d'un point situé à la distance moyenne des étoiles de première grandeur, le chemin parcouru en une année par le Soleil aurait une valeur angulaire de 0'',34, ce qui équivaut au nombre 1,623, le rayon moyen de l'orbite de la Terre étant pris pour unité. En résumé :

« Le mouvement du système solaire dans l'espace est dirigé vers un point de la voûte céleste, situé sur la ligne droite qui joint les deux étoiles de troi-

1. Astronome prussien contemporain.

sième granaeur π et μ d'Hercule, à un quart de la distance apparente de ces étoiles à partir de π. La vitesse de ce mouvement est telle que le Soleil, avec tous les corps qui en dépendent, avance annuellement dans la direction indiquée de 1,623 fois le rayon de l'orbite terrestre, ou de 240 000 000 kilomètres. »

C'est une vitesse d'environ 660 000 kilomètres par jour, ou de 7 ^{k}, 6 par seconde. Ainsi, l'observa-

Fig. 25. — Point du ciel vers lequel se dirige le Soleil dans son mouvement de translation.

tion a légitimé une fois de plus les inductions de la théorie. La réalité du mouvement qui entraîne le monde solaire dans les profondeurs de l'éther est prouvée. Il reste à savoir quelle est la nature de ce mouvement, si le Soleil se meut périodiquement autour de quelque centre inconnu, s'il fait partie d'un système stellaire particulier, fragment du grand système de la Voie lactée, ou s'il est le satellite d'un autre soleil. Peut-être le mouvement dont il est animé n'est-il que l'effet des perturbations qu'il éprouve de la part des masses stellaires qui l'environnent à des distances inégales, et qui sont inégalement distribuées dans l'espace.

Dans la première hypothèse, celle d'un mouvement périodique, l'élément rectiligne de la route suivie par le système solaire vers les parages de la constellation d'Hercule, n'est qu'une portion restreinte de l'orbite solaire, et tout ce qu'on en peut déduire, c'est que le foyer inconnu est dans une direction rectangulaire avec celle du mouvement. Avec le temps, c'est-à-dire avec les siècles, on pourra constater un changement de direction et en déduire la courbure de l'orbite, le sens de sa concavité, et en définitive avoir une idée du point de convergence des rayons vecteurs et de la distance du foyer du mouvement. En coordonnant les mouvements propres du Soleil et des étoiles, comme s'ils avaient un foyer commun, Argelander a examiné le degré de vraisemblance que présente l'hypothèse où la constellation de Persée serait le centre général de leurs gravitations. Mædler regarde Alcyone, la plus brillante des Pléiades, comme le soleil central autour duquel nous gravitons, et les Pléiades elles-mêmes, comme le groupe dont la masse détermine notre mouvement. Il est bien évident que ce sont là des hypothèses, intéressantes sans aucun doute, parce qu'elles fixent pour ainsi dire nos idées et donnent un but aux investigations futures, mais qu'il ne faut admettre ni rejeter absolument, en l'absence d'éléments suffisants pour se prononcer en connaissance de cause.

La découverte du mouvement propre du Soleil

complète les analogies qui l'ont fait successivement
assimiler à toutes les autres étoiles ; car, à mesure
que l'astronomie sidérale se perfectionne, le nombre
de ces astres dont le mouvement est perceptible à
nos mesures devient plus grand, et l'on arrive à
cette conclusion irrésistible que tout se meut per-
pétuellement dans l'univers, qu'aucun de ses points
n'est en repos absolu : l'immensité seule des distances donne une fixité apparente à cette multitude
de corps célestes qui brillent par eux-mêmes avec
assez d'éclat pour que leur lumière parvienne
jusqu'à nous. Seulement des années, des milliers, des
millions d'années se sont écoulés depuis l'époque où
les vibrations qui agitent leur substance ont ébranlé
les premières couches de l'éther environnant, et les
mouvements que nous constatons aujourd'hui sont
depuis longtemps accomplis en réalité.

Quant à la route que nous suivons dans l'espace,
il est probable que nous ne la connaîtrons jamais
d'une manière absolue, et nous en pouvons dire
autant de tous les corps du monde solaire. La Lune
circule autour de la Terre, mais l'ellipse qu'elle décrit ne nous donne qu'un mouvement relatif ; car en
même temps la Terre tourne autour du Soleil, et,
ce dernier supposé immobile, il en résulte déjà que
notre satellite décrit une courbe à inflexions variées,
une espèce de cycloïde que les perturbations planétaires compliquent encore. Mais puisque le Soleil
se meut, la courbe de l'orbite lunaire est elle-même
entraînée dans ce mouvement, et sa forme réelle
dans l'espace se complique de nouveau. Qui sait où
s'arrête cet enchevêtrement de courbes, cette combinaison d'orbites, dont la dernière connue n'est

sans doute qu'apparente ? Le Soleil est dans la Voie
lactée, qui paraît être une agglomération de systèmes de mondes, et il est probable qu'il fait partie
de l'un de ces systèmes particuliers ; mais l'ensemble
des astres qui le composent est sollicité par les gravitations de tous les autres, et il résulte sans
doute un mouvement d'ensemble, peut-être dans le
plan principal de la grande nébuleuse. La Voie lactée
elle-même, avec ses millions d'étoiles, qu'est-elle
dans l'univers visible, sinon un archipel dans l'O-
céan ? mais un archipel en marche, qui vogue dans
les profondeurs infinies, comme toutes les autres
voies lactées dont les télescopes ont signalé l'existence. Quand la pensée se plonge dans ces abîmes,
elle prend le vertige ; elle perd pied avec la science
même qui a su lui ouvrir ces perspectives dans l'infini de l'espace et de la durée !

CHAPITRE VI

CONSTITUTION PHYSIQUE ET CHIMIQUE DU SOLEIL

---

§ 1. — OPINIONS ANCIENNES SUR LA NATURE DU SOLEIL.

Dimension et nature physique du Soleil d'après les anciens:
Anaxagore, Eudoxe de Cnide. — Premières hypothèses
suggérées par la découverte des taches solaires.

Les anciens n'avaient et ne pouvaient avoir que
des idées très-vagues sur la nature du Soleil, sur ce
que l'on nomme aujourd'hui sa constitution physique : le doute où, comme on le verra bientôt, en
sont encore sur ce point les astronomes modernes,
après tant de recherches et de découvertes intéressantes, justifie suffisamment le reproche d'ignorance qu'on serait tenté de leur adresser. En l'absence de moyens d'observation précis, ils ne
pouvaient même que faire des conjectures, naturellement très-erronées, sur la distance et les dimensions du globe de feu, dont ils faisaient un satellite
de la Terre. C'est ainsi que, d'après Anaxagore, le
Soleil n'était guèreplus grand que le Péloponèse.

Un siècle plus tard, Eudoxe de Cnide regardait son diamètre comme égal à neuf fois celui de la Lune, appréciation qui s'éloignait moins de la vérité, si toutefois l'astronome grec avait sur les dimensions véritables de la Lune des idées plus justes que sur celles du Soleil. Si l'on en croit Cléomède qui, comme les pythagoriciens, plaçait le Soleil immobile au centre du monde, les philosophes épicuriens de son siècle (celui d'Auguste) n'attribuaient à l'astre d'autres dimensions que ses dimensions apparentes, ce qui témoigne, de leur part, d'une ignorance de la géométrie bien inconcevable trois siècles après Archimède.

Du reste, tant que la vraie distance du Soleil fut inconnue, on ne put que faire des conjectures sur sa grosseur. A plus forte raison en fut-il ainsi de sa nature physique. Les épithètes de *flambeau du monde* (lucerna mundi) de *voyant tout* (omnia intuens), de *dieu visible* (visibilis deus) enfin d'*esprit* de *gouverneur du monde* (mens, rector mundi) sont des témoignages d'admiration ou d'adoration religieuse, non des opinions astronomiques. L'idée que le Soleil était un feu pur, le principe même de la lumière et de la chaleur, se liait tout naturellement à celle de l'incorruptibilité des cieux et de tous les astres qui semblent fixés sur les diverses sphères imaginées pas les anciens astronomes et théosophes. Aussi, quand Anaxagore eut la hardiesse de professer que le Soleil était une masse de matière enflammée, fut-il accusé d'impiété et condamné au bannissement : le crédit de Périclès, son disciple et son ami, le fit seul échapper au dernier supplice.

Ne nous étonnons d'ailleurs ni des erreurs d'une

époque si éloignée, quand vingt-quatre siècles plus
tard, trois siècles après l'inauguration de la méthode
d'observation expérimentale, tant d'idées fausses
règnent encore sur l'immense majorité du public ; ni
des persécutions que les novateurs ont subies alors,
puisqu'aujourd'hui même il n'est pas toujours prudent d'exprimer hautement des opinions contraires
aux opinions régnantes sur des sujets qui ne relèvent
que de la science et de la philosophie. Soyons surpris plutôt de voir, même sous forme de conjectures,
émettre des hypothèses qu'une science très-avancée
pouvait seule démontrer.

L'immobilité du Soleil au centre du monde planétaire est une de ces hypothèses : elle fut proposée
par l'école de Pythagore. Cinq siècles avant l'ère
vulgaire, Archélaüs, disciple d'Anaxagore, professait
que le Soleil est une étoile qui surpasse en grandeur
toutes les autres. Héraclide (quicroyait à la rotation
de la Terre) et quelques autres philosophes de l'é-
cole d'Alexandrie enseignaient, selon Plutarque,
que chaque étoile était un monde existant dans les
profondeurs des cieux, entouré, comme le nôtre,
d'une terre, de planètes. Ces philosophes devan-
çaient ainsi Képler qui, lui-même, dans ses hypothèses hardies sur la constitution de l'univers, a
plus d'une fois devancé l'observation ou la démonstration rigoureuse. Képler disait en effet dans son
Epitome :

« Il est possible que le Soleil ne soit autre chose
qu'une étoile fixe, plus brillante à nos yeux par sa
proximité seulement, et que les autres étoiles
soient également des soleils entourés de mondes
planétaires. » (Arago, *Astron. pop.*, II, 162)

Nous avons vu plus haut, en effet, que l'astronomie moderne a complétement assimilé le Soleil aux étoiles, que les étoiles, si l'on préfère, sont des soleils ayant avec le nôtre des points de ressemblance, des analogies qui permettent de les considérer comme des astres de même nature.

L'invention des lunettes, la découverte des taches du Soleil au commencement du XVIIe siècle ont fait brusquement passer la question de la nature physique du Soleil, du domaine de l'hypothèse pure ou de l'imagination, dans celui de l'hypothèse scientifique, c'est-à-dire de l'hypothèse basée sur des faits et imaginée dans le but de les expliquer, conformément aux lois connues des phénomènes similaires. Avant d'entrer dans les détails qui feront comprendre les diverses théories proposées, citons une singulière opinion, qui nous prouvera que les faits ne suffisent point à arrêter l'imagination sur la pente de l'absurde : cette opinion date de la fin du XVIIIe siècle ; il serait facile de lui donner un cortége en rassemblant toutes les idées niaises ou folles qu'on a débitées et qu'on débite encore dans notre siècle sur le même sujet ou sur des sujets semblables. Nous empruntons le fait en question à la revue anglaise *the Reader*.

« De toutes les théories bizarres qui ont été imaginées sur la nature du Soleil, la plus extravagante est sans contredit celle que contient un « Traité sur la science sublime de l'héliographie, démontrant avec une satisfaisante évidence que la grande sphère lumineuse, le Soleil, n'est autre qu'une masse de glace, » par Charles Palmer, gent. Londres, 1798. Le Soleil est un corps froid, dit l'auteur, puisque la température décroît à mesure que nous en approchons. En outre, une lentille convexe de verre a la propriété de ressembler tous les rayons qui tombent sur elle, en un foyer; une lentille de glace produit le même effet. Pour cette raison, il pense que le Soleil est une énorme masse convexe de glace qui reçoit les rayons de lumière et de chaleur provenant du Tout-Puissant lui-même, et les réunissant en un foyer sur la Terre. »

§ 2. — ÉTUDE DE LA SURFACE DU GLOBE SOLAIRE.

Les taches du Soleil; aspect général. — Noyaux et pénombres. — Taches brillantes ou facules. — Formes et dimensions des taches; taches visibles à l'œil nu.

Copernic et Képler, en établissant sur ses véritables bases la géométrie du ciel, frayèrent la voie à une conception plus élevée des mouvements des astres; ils rendirent possible la mécanique céleste dont Huygens, Galilée et Newton furent les fondateurs. L'astronomie mathématique fut de la sorte créée. Restait une autre branche de la science que les anciens n'avait fait que soupçonner, et qui ne pouvait prendre naissance qu'après la découverte d'un moyen nouveau et puissant d'exploration du ciel ; c'est celle qui a pour objet l'étude particulière des astres, de leur forme, de leurs dimensions, des détails visibles à leur surface, en un mot de leur constitution physique. L'application des lois de l'optique à la construction des lunettes fut le point de départ de cette nouvelle branche de l'astronomie. « Au siècle des grandes découvertes accomplies sur la surface de notre planète, dit Humboldt, succède immédiatement la prise de possession par le télescope d'une partie considérable du domaine céleste. L'application d'un instrument qui a la puissance de pénétrer l'espace, je pourrais dire la création d'un organe nouveau, évoque tout un monde d'idées inconnues.»

C'est ce qui arriva quand Fabricius, Galilée, Scheiner tournèrent vers le disque solaire le nouvel et merveilleux instrument; bien qu'à cette époque sa puissance fut bien restreinte encore, il révéla pour la première fois l'existence des taches, et suggéra ainsi sur le champ les seules hypothèses qui soient véritablement fécondes, celles qui sont basées sur des faits, des observations positives.

Les premières lunettes de Galilée grossissaient 4 fois, 7 fois : la plus puissante que construisit l'illustre philosophe donnait seulement un grossissement de 32 diamètres. La surface du disque solaire pouvait être ainsi amplifiée depuis 16 jusqu'à 1 024 fois. Malheureusement on ne s'avisa point tout d'abord d'adapter à l'oculaire des verres noirs ou colorés pour affaiblir l'éclat de la lumière de l'astre, et dès lors, comme nous l'avons vu plus haut, il n'était possible d'observer qu'à l'horizon, le matin et le soir, ou encore à travers les brouillards ou les nuages légers. Cela suffit néanmoins à Galilée, non-seulement pour observer les tâches noires, leurs mouvements, les changements qu'elles subissent, mais encore pour distinguer, à la surface du Soleil, des parties dont l'éclat surpasse celui des parties voisines, des taches brillantes, celles qu'on nomme des *facules*. Comme ces taches sont entraînées, ainsi que les autres, par un mouvement commun s'effectuant d'occident en orient, il ne fut plus possible de soutenir

que les taches noires sont des corps indépendants
du Soleil, et le mouvement de rotation se trouva
ainsi démontré d'une manière irrécusable.

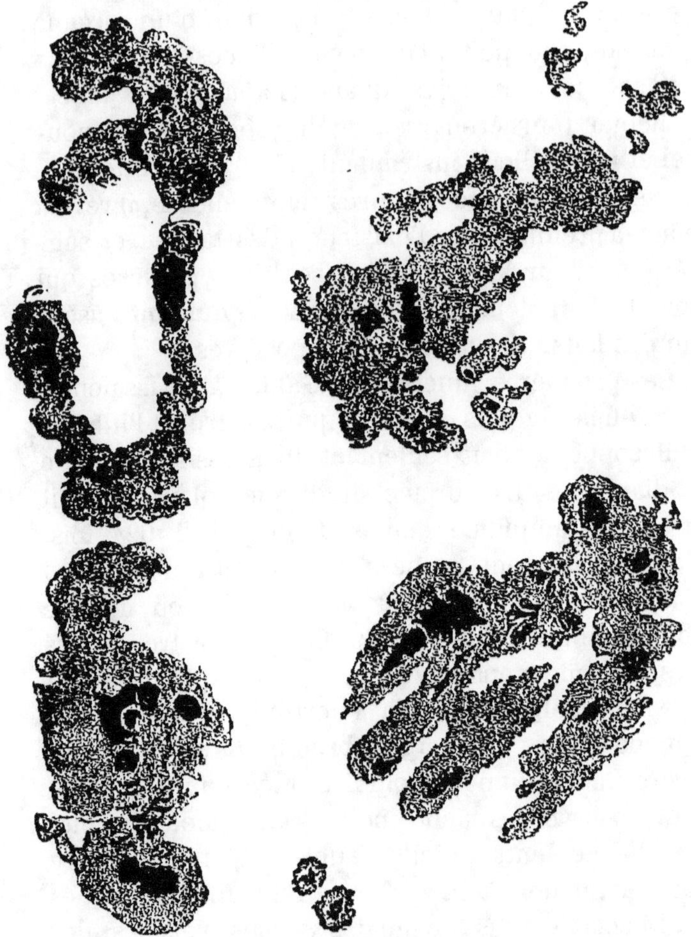

Fig. 26. — Taches du Soleil d'après les observations de sir J. Herschel.

Arrivons maintenant à la description détaillée des
taches solaires, telles que permettent de les voir
les télescopes modernes les plus puissants.

Au premier aspect, on distingue dans une tache
deux teintes assez nettement tranchées, ainsi qu'on
peut le voir dans les figures 26 et 27. — L'une consiste

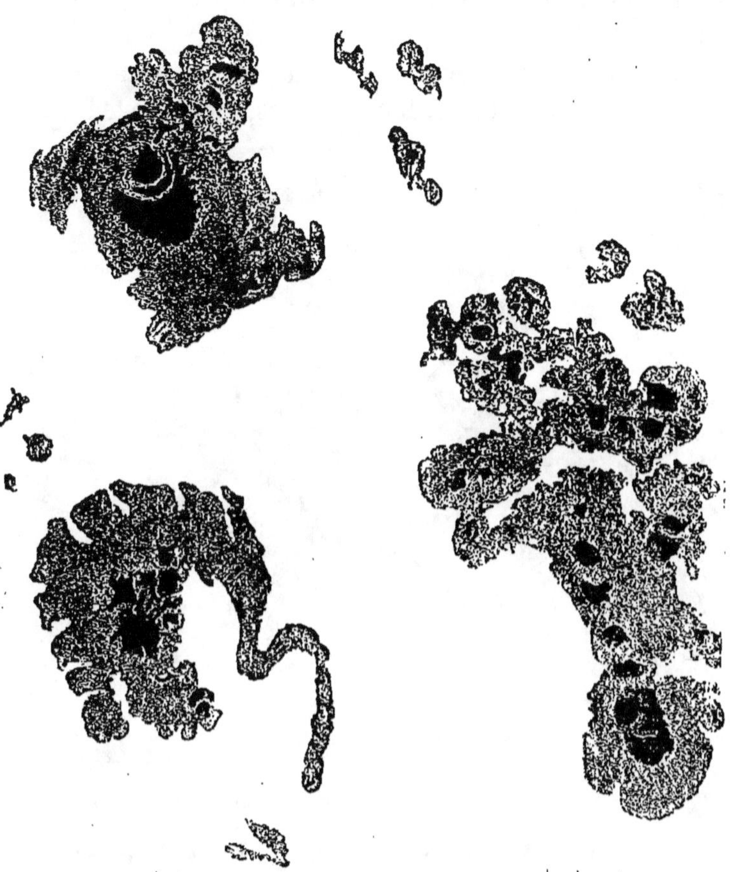

Fig. 27. — Taches solaires d'après J. Herschel.

en un ou plusieurs noyaux qui semblent noirs relativement à l'éclat général du disque; l'autre est une
teinte grisâtre entourant les noyaux et qu'on nomme

assez improprement la *pénombre*. On voit quelquefois, plus rarement néanmoins, des taches noires
ou noyaux dépourvus de pénombre; comme aussi
des pénombres à l'intérieur desquelles on ne distingue pas de noyaux.

Examinés plus en détail, les noyaux sont loin d'avoir
la même teinte en toutes leurs parties, bien que leurs

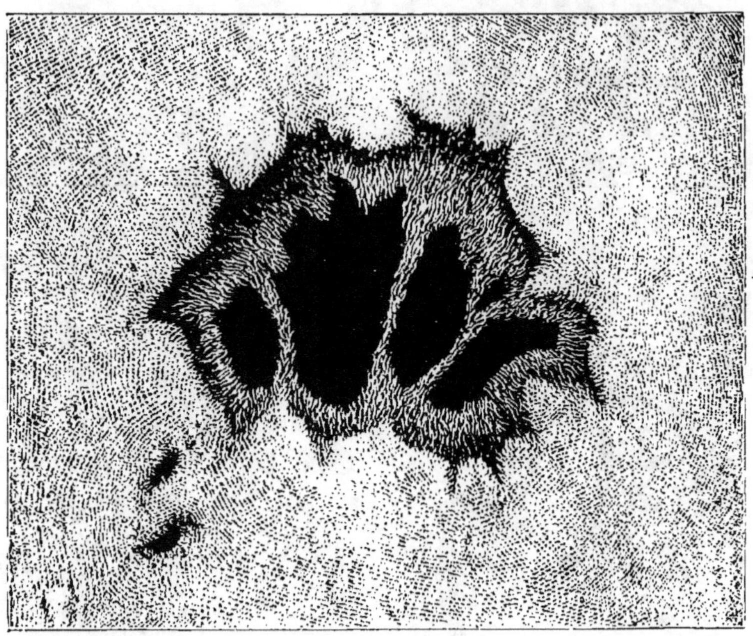

Fig. 28. — Taches du Soleil d'après Nasmyth. — Luminous bridges.

contours soient presque toujours nettement déterminés. Sur un fond sombre, on aperçoit comme des
enfoncements, des trous plus noirs que le fond : cette
structure est très-aisée à reconnaître dans les taches
que représentent les figures 33, 35 et 36. Du reste, il
faut faire la même observation pour les pénombres :
c'est sur ceux de leurs bords qui touchent à la sur-

face brillante du disque que la teinte grise est ordinairement la plus sombre, soit qu'il y ait là un effet
de contraste, soit qu'en réalité il s'agisse d'une véritable différence dans les teintes (*fig.* 28). En outre, les pénombres sont très-souvent sillonnées par des lignes qui descendent du bord extérieur jusqu'au noyau, tantôt droites, tantôt courbes, mais le plus souvent normales aux lignes de contour du noyau et de la pénombre (*fig.* 29); on dirait voir les lits d'une multitude de ruisseaux qui ont raviné les talus que représente la pénombre, pour aller se précipiter dans le gouffre simulé par le noyau; ceci

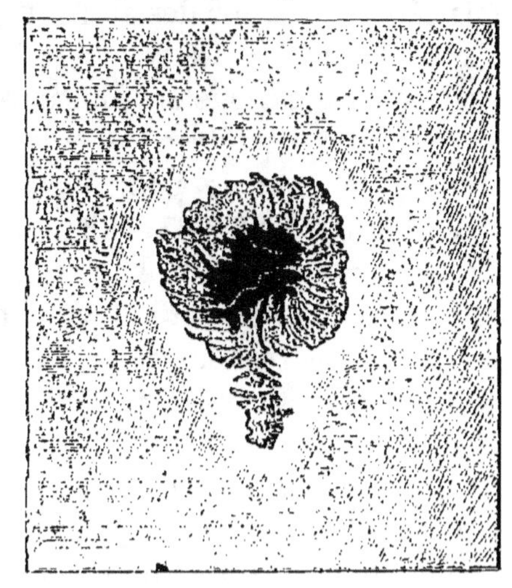

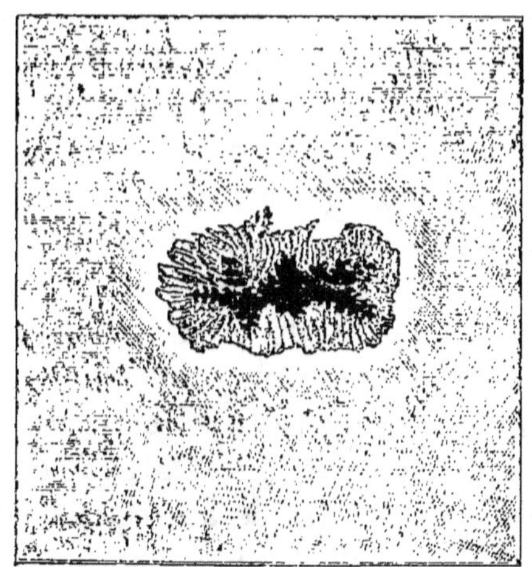

Fig. 29. — Taches solaires d'après Capocci.
Stries de la pénombre.

soit dit simplement pour faire image sans anticiper
sur les hypothèses dont il sera question plus loin.

La même pénombre, avons-nous dit, enveloppe souvent plusieurs noyaux. Mais ceux-ci sont quelquefois séparés les uns des autres par des fragments étroits de matière grisâtre ou brillante : on dirait d'un seul noyau partagé en plusieurs morceaux par ces espèces de filets transversaux auxquels Herschel donne le nom de *ponts lumineux* (*luminous bridges*). Les figures 26, 27 et 28 présentent plusieurs exemples de cette structure.

Les formes des taches, on le voit par les nombreux dessins que nous reproduisons d'après les observations authentiques, sont extrêmement variées. Mais quelles que soient ces formes, il est rare qu'il n'y ait pas une similitude entre les contours des noyaux et ceux de la pénombre enveloppante, similitude accusant l'identité des causes qui les produisent les unes et les autres. Les noyaux sont rarement arrondis : le plus souvent leurs contours sont des lignes polygonales, à angles rentrants, dont les pénombres répètent la forme.

Les dimensions des taches ne sont pas moins variées que leurs formes : il en est de fort petites qui paraissent comme des points à peine perceptibles, même à l'aide de grossissements considérables; c'est parmi elles qu'on rencontre le plus ordinairement les noyaux sans pénombres ou les pénombres sans noyaux. Les figures 26 et 27 donnent des exemples des unes et des autres. Certaines taches ont présenté des dimensions énormes. « Vers le milieu de 1763, dit Lalande, j'ai aperçu la plus grosse et la plus noire que j'aie jamais vue; elle avait $1'$ au moins de longueur, » c'est-à-dire la 32e partie environ du diamètre solaire. Arago cite une tache

de 167″, presque trois fois aussi longue que celle
de Lalande. Schrœter en a mesuré une dont la
surface équivalait à seize fois la surface d'un cercle
de même rayon que la Terre, quatre fois égale dès
lors, à la superficie entière de notre globe : elle

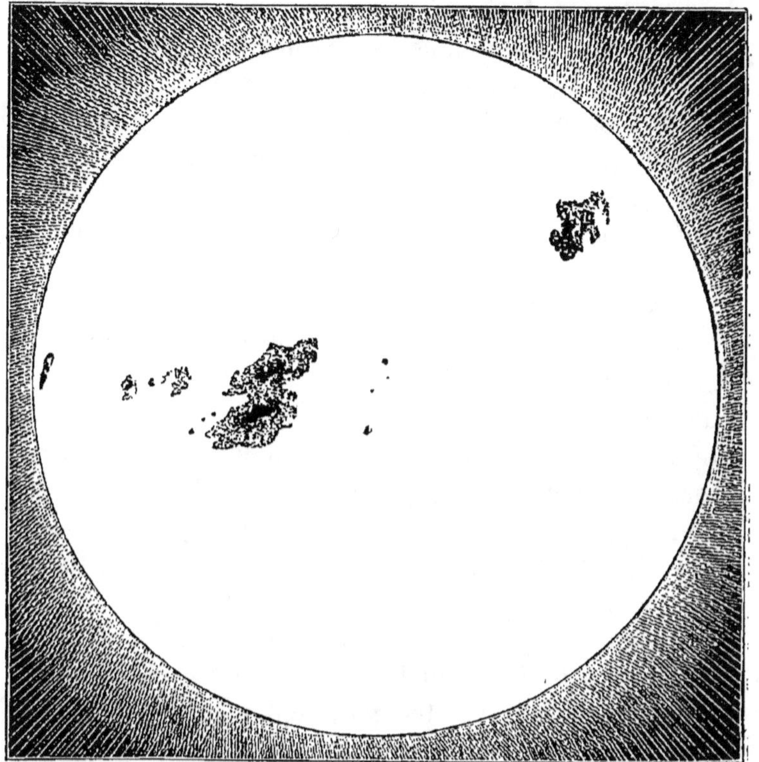

Fig. 30. — Grandes taches solaires, observées le 30 août 1839 par
le cap. Davis.

mesurait donc un diamètre moyen de 12 000 lieues.
W. Herschel vit en 1779 une tache qui avait 17 000
lieues de diamètre. Celle que nous avons repro-
duite ici (fig. 30) d'après un dessin du capitaine Davis, montrent quelles énormes dimensions atteignent

parfois ces accidents de la surface du Soleil : mesurée à l'échelle du diamètre réel, la plus étendue
de ces taches, formée, il est vrai, d'un double noyau,
n'avait pas moins de 300 000 kilomètres dans sa
plus grande longueur : sa surface était environ, la
pénombre comprise, de 200 millions de myriamètres
carrés. Si, comme nous le verrons plus loin, les taches sont des déchirures profondes de l'enveloppe
lumineuse du Soleil, quelle capacité doivent offrir
de tels gouffres, sortes d'abîmes gigantesques, au
fond desquels la Terre entière n'apparaîtrait plus
que comme un rocher, une pierre dans le cratère
d'un volcan!

Avec de pareilles dimensions, les taches doivent
être visibles à l'œil nu : le seul obstacle à cette visibilité est dans l'éclat du disque solaire, qu'il est
aisé, comme on l'a vu, d'affaiblir. C'est à des phénomènes de ce genre qu'il faut évidemment rapporter le prétendu passage de Mercure sur le Soleil en
l'an 807; la tache noire que l'on prenait pour le disque obscur de la planète fut visible pendant 8 jours.
En 840, c'est Vénus qu'on crut voir ainsi pendant 91
jours; en 1096, on aperçut des signes sur le Soleil,
signa in sole. Mais on ignorait alors la nature de
ces phénomènes, tandis que, depuis la découverte
des taches, on ne se trompa plus sur ce point :
nombre d'observateurs citent des cas de visibilité
sans lunettes. Ainsi, en août 1612, Galilée et ses amis
virent à l'œil nu, au lever du Soleil, une tache de
1' au moins de diamètre : elle se montra ainsi trois
jours de suite ; c'est une tache visible à l'œil nu, en
1779, qui détermina W. Herschel à étudier la constitution physique du Soleil. M Schwabe, qui a étudié

pendant une si longue suite d'années les taches solaires, en a observé fréquemment d'assez grandes
pour être visibles à l'œil nu. « Les principales paru-
rent, dit-il, en 1828, 1829, 1831, 1836, 1837, 1838,
1839, 1847, 1848. Je considère comme grandes taches
celles qui embrassent au moins 50''; c'est seulement à cette limite qu'elles commencent à devenir
visibles pour de bons yeux, sans le secours du télescope. » Le 28 juin de l'année dernière, 1868, il y
avait sur le disque une tache dont un observateur
de New-York, M. W. S. Gilman, a donné la description en ajoutant cette mention « Spot visible to
naked eye, » *tache visible à l'œil nu*. Ce genre
d'observation serait encore plus fréquent, si l'on y
portait quelque attention.

Les *facules* ou taches brillantes ont été observées
pour la première fois, nous l'avons déjà dit, par Galilée. le plus souvent, elles accompagnent les taches,
et se montrent sur les bords extérieurs de la pénombre, de sorte qu'on pourrait croire qu'il n'y a
là qu'un simple effet de contraste entre la teinte
sombre de la tache et l'éclat éblouissant des parties
du disque qui l'avoisinent : mais il n'en est rien;
car, outre que les facules n'environnent pas uniformément la pénombre, que certaines taches en sont
dépourvues, on voit fréquemment apparaître des
facules isolées, dont la présence d'ailleurs, en une
région du disque solaire, annonce presque toujours
la formation prochaine d'une tache en ce point.

Les facules ont quelquefois la forme de traînées
convergentes qui aboutissent de divers côtés aux
contours de la tache, semblables à des ruisseaux de
matière brillante : la figure 31, que je dois à l'obli-

geance de l'observateur, M. Chacornac, donne un exemple remarquable de cette disposition des facules, bien différentes, on le voit, de celles qui entourent les taches de la figure 29.

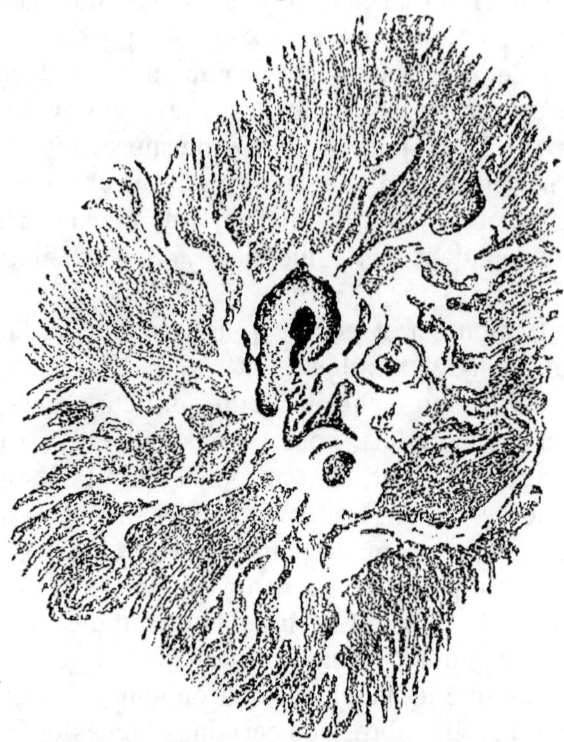

Fig. 31. — Facules dans le voisinage d'une tache,
d'après J. Chacornac.

Structure de la photosphère; pores ou granulations des parties lumineuses du disque. — Feuilles de saule; leur disposition dans le voisinage des taches et à l'intérieur des pénombres.

Quand on examine le Soleil à l'aide d'une lunette d'un faible pouvoir grossissant, toutes les régions du disque qui ne sont point envahies par les taches —

souvent, c'est le disque tout entier — paraissent d'un blanc uniforme et donnent l'idée d'une surface parfaitement lisse et nivelée. Il n'en est plus ainsi quand on observe avec un télescope d'une assez grande puissance. Alors la surface brillante apparait comme sillonnée d'une multitude de rides lumineuses et de rides plus sombres, qui s'entre-croisent dans tous les sens et la font ressembler, ainsi qu'on l'a dit bien des fois, au pointillé d'un fond de gravure. Les figures 28, 32 et 33 donnent une idée de cet aspect du disque solaire. Ces points plus sombres de la surface ont reçu le nom de *pores* ou encore de *lucules*; on les aperçoit dans toutes les régions du disque, tandis que les taches et les facules n'apparaissent, comme on le verra bientôt, que dans une zone limitée de chaque côté de l'équateur solaire. Il faut en excepter toutefois les facules elles-mêmes et les noyaux des taches, dont les teintes sont à peu près uniformes; mais les parties des taches qui, sous des teintes très-variées, consti-tuent les pénombres, examinées, avec un grossisse-ment suffisant, offrent une structure qui a la plus grande analogie avec la surface granulée du disque. La différence paraît surtout consister en ce que les interstices ou pores y sont beaucoup plus larges, de sorte que les parties relativement brillantes de la pénombre paraissent détachées les unes des autres sur un fond plus sombre. Leur forme allongée leur a fait donner par un astronome anglais con-temporain, M. Nasmyth, le nom de feuilles de saule (willow-leaves). D'autres observateurs ont reconnu l'existence de ces mêmes fragments lumineux et les ont comparés, M. Dawes à des brins de paille déchiquetés, M. Stone à des grains de riz; M. Huggins les nomme simplement des *granulations*. Voici comment le directeur de l'Observatoire romain, le

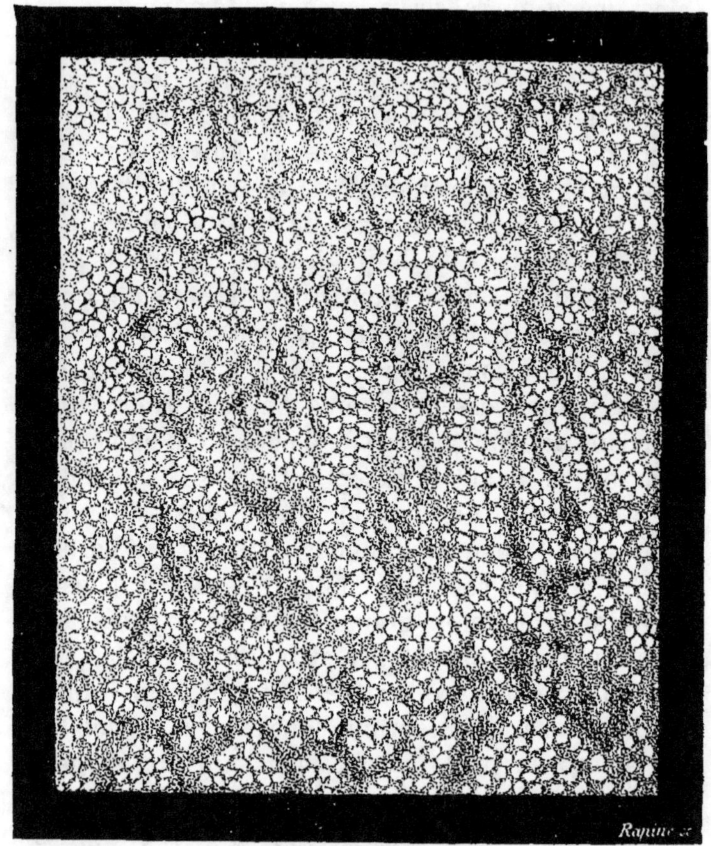

Fig. 32. — Pores ou granulations de la surface du disque solaire, d'après W. Huggins.

P. Secchi, décrit l'aspect que présente la surface du disque hors des taches, sur leurs bords et dans la pénombre (il observait avec un grand télescope réfracteur de Merz, muni d'un oculaire diagonal) : « Le fond lumineux du Soleil se voit comme un véritable réseau semé d'une foule de points blancs plus ou moins allongés et séparés par une maille plus sombre, et les nœuds de cette maille paraissent de très-petits trous noirs. Les pénombres des taches sont plus remarquables : on voit surtout une grande quantité de corps blancs allongés, qui, se plaçant à la suite les uns des autres, produisent comme des filaments, et c'étaient ceux-ci que j'avais nommés *courants* dans mes observations antérieures. Cette configuration cependant n'est pas constante, et les corps blancs ne sont pas toujours séparés dans les pénombres. Il est difficile de trouver un objet auquel les comparer : je les comparerai à des amas de coton allongés, de toutes les formes imaginables, quelquefois enchevêtrés les uns dans les autres, quelquefois aussi dispersés et isolés. Parfois ces amas sont très-bien terminés et nettement tranchés, parfois ils sont épanouis et mal terminés. Leur tête est en général tournée vers le centre du noyau. Ils ressemblent à de gros coups de pinceau, d'un blanc très-fort à la tête et décroissant vers la queue. Le fond général sur lequel sont dispersés ces corps est une faible lumière qui constitue la pénombre. Cette faible lumière se prolonge en traînées très-épanouies, et a toute l'apparence de nos cirrus dans l'atmosphère, comme les autres parties ressemblent aux cumulus. Le contour de la tache générale est lui-même formé par les têtes de ces corps blancs qui lui donnent l'aspect d'une crémaillère à dents proéminentes. »

La figure 33 est la reproduction d'un dessin original que M. Nasmyth a eu l'obligeance de nous

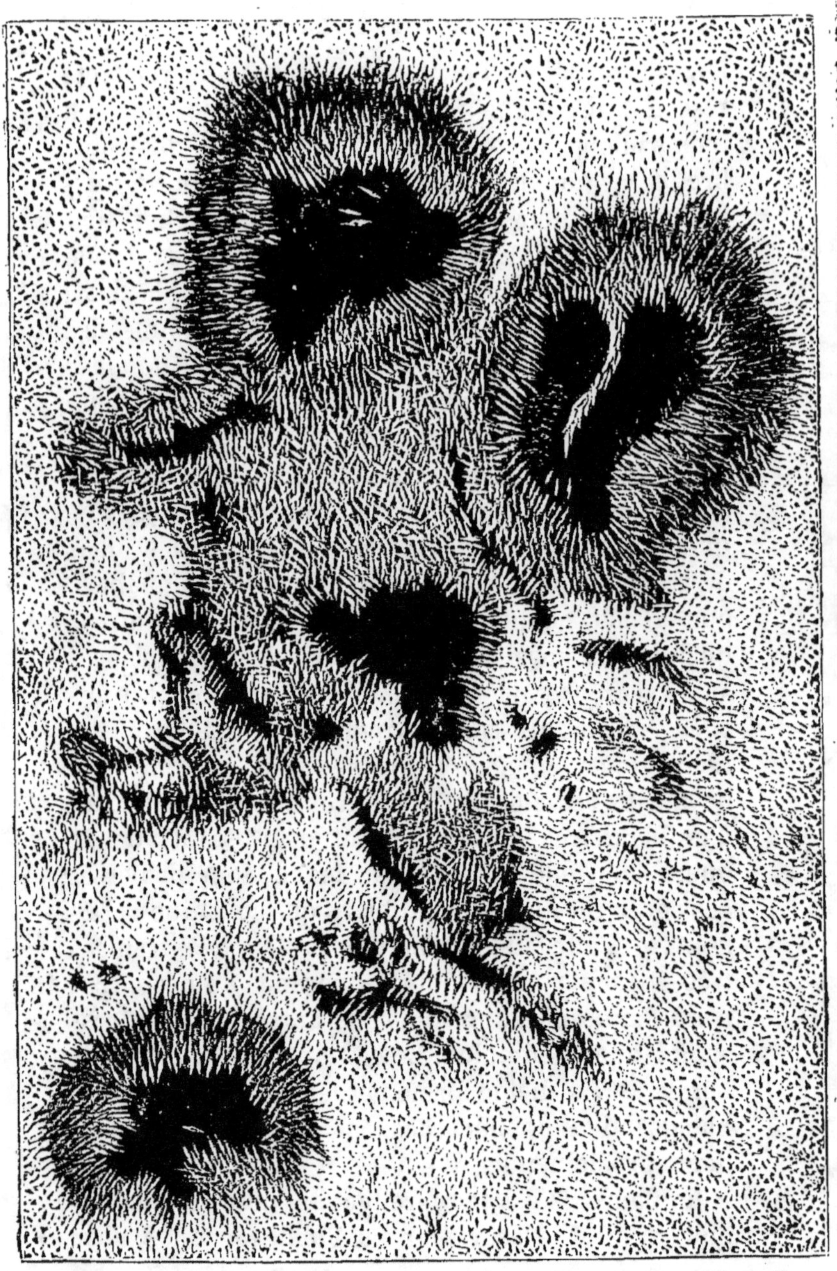

Fig. 33. — Groupe de taches observées et dessinées le 5 juin 1864, par Nasmyth.

communiquer. On y voit tous les détails d'un groupe de taches solaires : les noyaux, formés de deux teintes superposées, l'une, complétement noire, est comme le fond du gouffre; l'autre, un peu moins foncée, semble indiquer en ces points une moindre profondeur; tout autour règne la pénombre recouverte ou plutôt formée entièrement de *feuilles de saule* rangées en files convergeant vers les noyaux; les unes, plus brillantes, paraissent être la continuation des pores qui criblent la surface lumineuse environnante. Celle-ci semble un enchevêtrement plus serré de ces éléments singuliers dont les uns, trouvant au bord de l'ouverture un espace où ils peuvent se mouvoir librement, sont entraînés à l'intérieur, tandis que les autres surplombent sous la forme de ponts lumineux. Nous verrons plus loin si ces phénomènes trouvent une explication satisfaisante dans les théories qui ont pour objet la constitution physique du Soleil.

Telle est en résumé l'apparence que présente, dans les télescopes, le disque du Soleil : une surface lumineuse, d'un éclat à peu près uniforme, sauf la différence que nous avons déjà signalée entre les régions centrales et celles des bords; c'est cette surface que les astronomes appellent la *photosphère*, quelque divergence qu'il y ait dans leur opinion sur la nature physique de cette enveloppe. La photosphère est couverte de *pores* ou de points moins lumineux que les intervalles qui les séparent. Çà et là se montrent les taches : les unes, formées d'un *noyau* noir entouré de la pénombre; les autres, brillant d'un éclat plus vif que le reste de la photosphère, accompagnent les taches sombres : ce sont les *facules*.

Quelques mots maintenant sur l'apparition, les transformations et les disparitions des taches, sur leurs mouvements, sur les régions où elles se montrent principalement, enfin sur leur nombre et leur périodicité.

§ 3. — APPARITIONS, MOUVEMENTS ET TRANSFORMATIONS DES TACHES SOLAIRES.

Leur nombre et leur périodicité. — Rapports entre cette périodicité, les températures terrestres, les mouvements des planètes Jupiter et Vénus, et les perturbations de l'aiguille aimantée.

Les taches du Soleil ne sont pas, comme celles qu'on découvre à la surface de la Lune, permanentes sur le disque ; chacune d'elles naît, se transforme et disparaît, et la durée de ses évolutions successives est très-variable.

Les premiers observateurs des taches ont parfaitement constaté les changements qu'elles subissent. D'après Fabricius, « elles changeaient de forme et de vitesse. » Galilée observe « qu'elles ne sont pas permanentes, qu'elles se condensent ou se divisent, s'augmentent et se dissipent. » C'était du reste un fait aisé à reconnaître, puisque parfois l'observation montrait le disque parsemé d'un grand nombre de taches, tandis que parfois il n'y en avait aucune, et cela pendant la période d'une rotation entière.

L'apparition, le changement et la disparition d'une tache sont des phénomènes qu'il n'est pas toujours facile à l'observation de suivre dans leurs phases complètes. Nous ne voyons jamais à la fois qu'un hémisphère du Soleil ; de plus, par le mouvement terrestre diurne, l'astre n'est visible qu'une partie de la journée ; enfin le ciel couvert empêche souvent toute observation. Aussi il arrive fréquemment que l'observateur, en braquant sa lunette sur le disque, aperçoit une tache toute formée là où rien ne se montrait quelque temps auparavant ; ou encore, une tache précédemment observée se trouve pour ainsi dire méconnaissable par suite des changements de forme et de position qu'elle a subis ; enfin telle tache a disparu, soit qu'elle se soit évanouie en effet, soit que la rotation solaire l'ait entraînée dans l'hémisphère invisible.

Nous avons dit plus haut que les facules se voient le plus souvent dans le voisinage et sur le bord des taches. Il y a entre elles une corrélation plus intime ; c'est ce qu'exprime ainsi Schwabe, un des observateurs les plus assidus des taches solaires : « Il n'est point douteux, dit-il, qu'il y ait d'étroits rapports entre les taches et la formation des facules. Souvent je vois apparaître des facules ou des lucules à l'endroit où une tache a disparu, comme aussi se développer de nouvelles taches dans les facules. »

Il ne paraît pas que les grandes taches naissent spontanément avec leurs dimensions maxima. D'après J. Chacornac, c'est aux époques où le disque solaire est le plus dépourvu de taches, qu'on en voit apparaître un grand nombre de petites, d'abord isolées et privées de pénombres, puis peu à peu s'entourant, à mesure qu'elles grandissent, de cette teinte grisâtre qui caractérise celles-ci. Les plus rapprochées de ces petites taches noires sont reliées par des portions de pénombre ; à la fin, elles se réunissent dans une pénombre commune, et les noyaux agrandis constituent une seule tache de grande dimension. Il semble qu'elles se soient précipitées les unes dans les autres; et en réalité, quelle que soit l'hypothèse qu'on adopte sur la nature des taches solaires, il n'est pas douteux que les mouvements dont nous parlons existent en effet. Les premiers observateurs, Scheiner et Galilée ont été surpris de la rapidité des transformations des taches; Derham, Wollaston, W. Herschel les ont étudiées, et ce dernier astronome a parfaitement vu naître les grandes taches par l'apparition et l'élargissement d'un petit point noir formant le noyau; comme aussi il signale leur disparition par un rétrécissement préalable du noyau qui alors souvent se divise en plusieurs noyaux distincts. « Alors, dit-il, la matière lumineuse du Soleil paraît s'étendre comme un pont sur la cavité de la tache. »

Arago, dans son *Astronomie populaire*, cite un passage de Wollaston, où cet observateur rend compte de la division subite d'une tache et compare le phénomène dont il a été témoin à ce qui arrive « lorsque, après avoir lancé une plaque de glace sur la surface d'un étang gelé, les divers fragments entre lesquels la glace se partage glissent dans toutes les directions. » Il est évident que cette comparaison ne doit pas être prise à la lettre; Wollaston a voulu seulement donner une idée de la rapidité relative de la transformation subie par la tache.

Laugier, ayant mesuré les situations relatives de deux taches, a conclu que l'une s'était éloignée de l'autre, supposée immobile, avec une vitesse de 111 mètres par seconde. D'après les récentes obser-

vations de Chacornac, de petites taches se précipitent dans les grandes avec une vitesse qui va quelquefois jusqu'à 550 mètres par seconde. C'est peu
de temps après l'apparition d'un groupe de taches
qu'ont lieu les plus grands et les plus rapides changements dans la forme primitive. Cette dernière remarque expliquerait la différence, plutôt apparente
que réelle, existant entre les taches qu'on voit subir
des variations rapides, et celles dont la permanence

Fig. 34. — Tache observée par Dawes,
le 28 octobre 1859.

Fig. 35. — Même tache,
le 29 octobre.

annoncerait des taches qui ont été observées après
la période de changement dont nous parlons. C'est
ainsi qu'en juillet 1865, une grande tache de forme
circulaire a conservé sa forme et ses dimensions
pendant toute la durée de son apparition, du 7 au
20 juillet, tandis qu'un groupe occupant à cette dernière date le milieu du disque, subissait des changements d'une grande rapidité dans sa forme et ses
dimensions. (J. Chacornac.)

Les figures 34 à 41 représentent des taches dont

on peut suivre les variations à divers intervalles :
les premières montrent ce que devient une tache so-

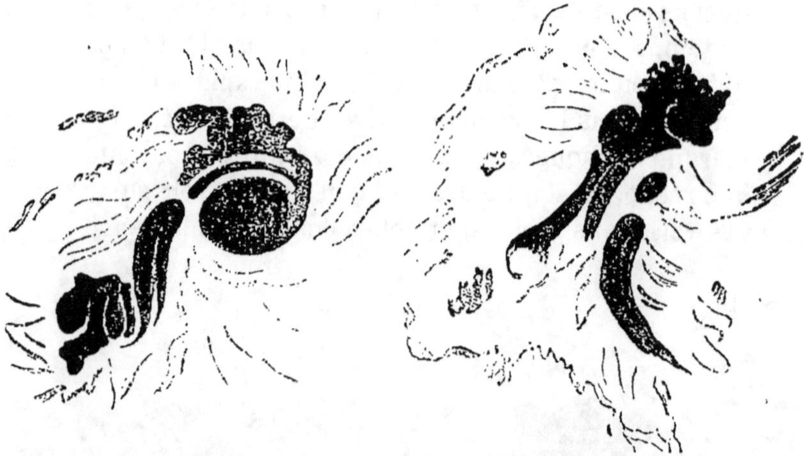

Fig. 36. — Même tache,
le 31 octobre.

Fig. 37. — Même tache,
le 2 novembre.

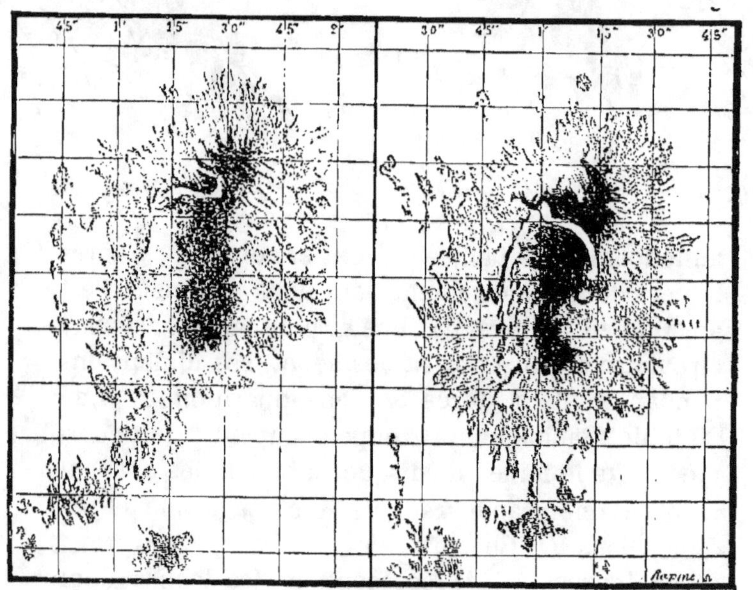

13 octobre 1865, 8ʰ 30ᵐ.   14 octobre, 9ʰ 0ᵐ.

Fig. 38. — Changements subis par une tache solaire ; observations de M. Howlet.

laire observée de deux en deux jours; dans les deux
suivantes, on voit les changements subis, à un jour
d'intervalle, par une tache observée et dessinée par
un astronome anglais, M. Howlet, en octobre 1865.
Enfin, dans les figures 40 et 41, on peut se rendre
compte des transformations opérées dans plusieurs
groupes de taches solaires, pendant l'intervalle

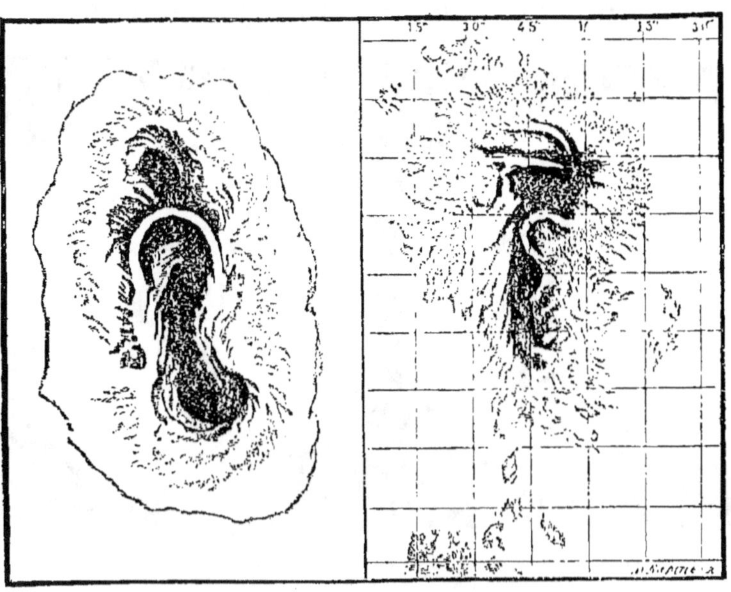

15 octobre, 10ʰ.   16 octobre, 8ʰ 30ᵐ.

Fig. 39, — Même tache, observée les 15 et 16 octobre, par MM. Chacornac
et Howlet.

entier d'une rotation : il y a, à la fois, l'indice de
mouvements propres considérables, qui ont changé
la situation respective des groupes, et la preuve de
transformations intimes dans chacun d'eux.

On le voit donc : les taches solaires varient sans
cesse de forme et de position. La durée de leur per-
sistance à la surface du Soleil est également très-

variable ; les unes — ce sont ordinairement les plus
petites — ne font, pour ainsi dire, qu'apparaître et
disparaître, et leur durée n'est, en tout cas, qu'une
fraction des 25 jours 1/2 qui forment la durée d'une
rotation. D'autres, au contraire, sont visibles pendant
plusieurs rotations successives, le plus souvent pendant une ou deux rotations. Cassini disait en 1740 :
« On n'en a jamais vu qui ait paru plus longtemps

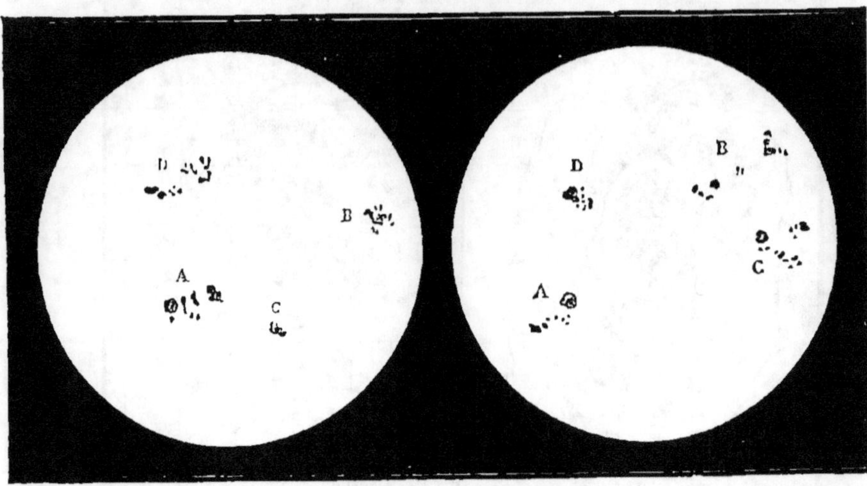

Fig. 40. — Transformations de groupes de taches dans l'intervalle d'une rotation, d'après
Pastorff : 24 mai et 21 juin 1828.

que celle qui fut observée aux mois de novembre
et de décembre 1676, et au mois de janvier de
l'année 1677, qui demeura sur le disque du Soleil
pendant plus de 70 jours. » Mais la grande tache
de 1779 resta visible pendant six mois, et en 1840
Schwabe en observa une que la rotation ramena
huit fois, et dont la durée atteignit ainsi 200 jours,
près de 7 mois.

Est-il vrai que certaines taches, après avoir dis-

paru pendant un temps plus ou moins long, reparaissent au même endroit du disque, ainsi que le
pensaient Cassini, Lalande ? Cassini regardait comme
identiques une tache observée en mai 1695 et une
autre tache qui apparut, au même point, en mai 1702.
Lalande dit aussi positivement que des taches considérables reparaissent aux mêmes points physiques
du disque solaire. D'après R.-C. Carrington, qui a
fait pendant sept années consécutives une si longue

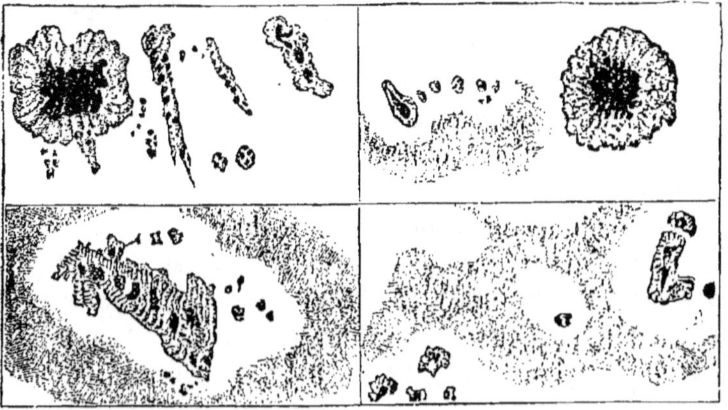

Fig. 41. — Détails des deux groupes A et B, avec leurs changements dans
l'intervalle d'une rotation.

suite d'observations de taches solaires[1], il est assez
difficile de se prononcer sur l'identité des taches
qui se montrent dans les mêmes régions : il cite un
assez grand nombre de cas où le retour des mêmes
taches offre quelque probabilité : le plus remarquable est celui de quatre groupes, dont le premier
fut visible du 24 au 30 septembre 1857, le second du
16 au 28 octobre, le troisième du 15 au 28 novembre,

1. *Observations of the Spots on the Sun, from november 9 1853, to march 24 1861 made at Redhill.*

le quatrième le 19 décembre de la même année. Mais à cause des changements de forme et de légères variations dans les positions des groupes, il regarde comme presque impossible d'établir la certitude de leur identité.

Ce qui est certain, ce que les premiers observateurs ont parfaitement reconnu, c'est que les taches ne se montrent pas indistinctement dans toutes les régions du disque solaire. Galilée affirmait qu'elles sont restreintes à une zone s'étendant à 29° de part et d'autre de l'équateur. Cette zone est de 30° selon Scheiner et Hévélius ; le nom de *zone royale* fut donné, à cette époque, à la région solaire qui avait le privilége d'être obscurcie par les taches, privilége monarchique s'il en fut.

L'étendue de la zone s'élargit du reste à mesure que les observations s'accumulent. Ainsi, Messier vit en 1777 une tache à 31° 1/2 de l'équateur solaire ; Méchain et Lalande une autre en 1780, dont la latitude atteignait 40° ; vers 1840, Laugier en observa plusieurs à 41°. Un groupe, vu par R.-C. Carrington en juillet 1858, était situé à 45° de latitude australe. Les exemples de taches plus éloignées encore de l'équateur sont très-rares : citons la tache observée par Schwabe à 50°, une autre par Peters (d'Hamilton Collége) à 50° 55′, et enfin, la tache décrite par La Hire sous 70° de latitude nord, et qui, comme Humboldt l'observe avec raison, « peut être mise au rang des plus grandes raretés. »

Du reste, les taches solaires sont loin de se distribuer uniformément dans la zone d'apparition dont on vient de donner les limites. Si l'on n'en voit jamais aux pôles, et fort rarement au delà de 45° de

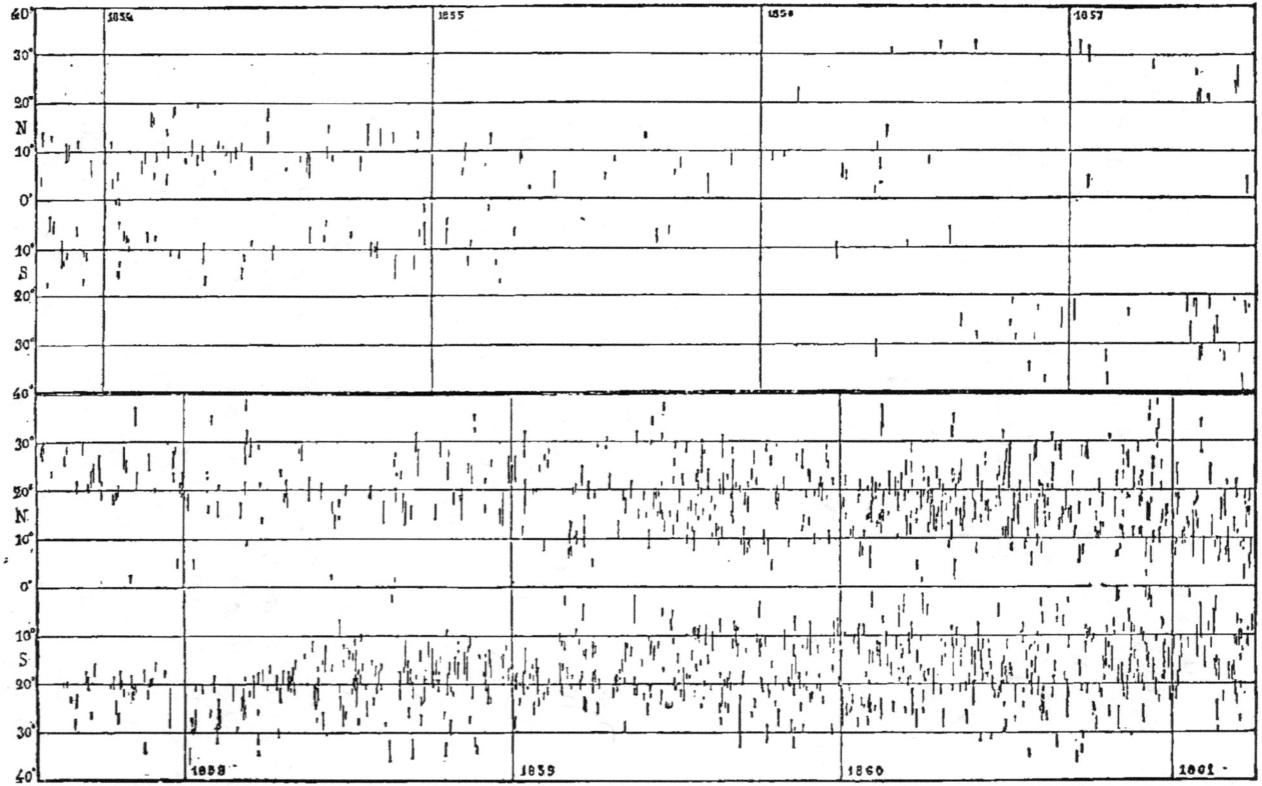

Fig. 42. — Distribution des taches solaires d'après leurs latitudes héliocentriques de 1853 à 1861, d'après R.-C. Carrington.

latitude, elles sont aussi assez peu fréquentes à l'équateur même, et à quelques degrés de chaque côté de cette ligne. Pour en donner une idée, citons quelques nombres. Dans les 5 290 observations de Carrington, se rapportant à 954 groupes de taches, nous ne trouvons que 50 groupes dans le voisinage de l'équateur; 20 entre 0° et + 4° de latitude ; 30 entre 0° et — 4°; une seule coupe réellement l'équateur. Les autres groupes se distribuent à peu près ainsi : environ 200 jusqu'à + 10° et — 10°; 640 sont compris de ces deux latitudes jusqu'à 30° au nord et au sud; au delà, il n'y en a plus qu'une soixantaine. C'est bien entre 10° et 30° que les taches se montrent en plus grande quantité, comme on peut en juger du premier coup d'œil par le diagramme de la figure 42, reproduction sur une petite échelle de trois planches de l'ouvrage de Carrington.

D'après John Herschel, « l'équateur actuel du Soleil est moins fréquemment recouvert de taches que les zones adjacentes de chaque côté, et il existe une différence caractéristique entre leur nombre et leurs dimensions dans les deux hémisphères nord et sud, les taches boréales l'emportant sur les taches australes sous ces deux rapports. La zone comprise entre 11° et 15° de latitude nord est particulièrement fertile en taches de grandes dimensions et d'une longue durée. » En regard de cette opinion qu'Humboldt reproduit dans le *Cosmos*, il est bon de placer les nombreuses observations de Carrington, qui, sur 954 groupes de taches, en placent 436 dans l'hémisphère nord et 518 dans l'hémisphère sud. Ce résultat contredit, du moins au point de vue de la fréquence ou du nombre, l'assertion des deux illustres savants, et à en juger par les dessins qui accompagnent le bel ouvrage de Carrington, les grandes taches semblent avoir été également nombreuses dans chaque hémisphère. Mais il ne faut pas oublier qu'il s'agit d'époques différentes; peut-être y a-t-il des périodes où l'un des hémisphères l'emporte, et d'autres où c'est le contraire qui arrive.

La figure 42 montre assez combien les années successives diffèrent au point de vue de la fréquence des taches solaires. Le nombre des groupes observés diminue depuis 1853 jusqu'à 1856, époque où il atteint son minimum ; puis il reprend une marche rapidement croissante jusqu'en 1860 et 1861. En 1860, ce nombre s'élève à 297, treize fois plus grand qu'en 1856, où il n'était que de 23.

Depuis l'origine des observations, les astronomes ont signalé les grandes différences qui existent dans la fréquence des taches selon les époques. Scheiner parle de 50 taches vues à la fois sur le disque en 1711. De 1700 à 1710, elles furent nombreuses aussi; en 1716, on observa 21 groupes, parmi lesquels 8 étaient distinctement visibles à la fois. De 1717 à 1720, on en vit encore davantage, et en 1719 notamment, il y avait une véritable ceinture équatoriale de taches. En 1740, en octobre 1759, elles furent encore très-fréquentes. Schrœter observa une fois 68 taches visibles, puis à une autre époque 81 taches. W. Herschel en vit 50 en 1801, 40 en novembre 1802.

La figure 43 montre combien parfois les taches sont nombreuses au même instant sur le disque, tout en présentant des dimensions considérables.

D'autre part, il paraît qu'elles furent très-rares de

1650 à 1670, de 1676 à 1684. On n'en vit point de
1695 à 1700, de 1711 à 1712. En 1710 et en 1713, on
n'en vit qu'une seule. D'après la Correspondance
astronomique du baron de Zach, 29 mois se pas-
sèrent de 1821 à 1823 sans qu'on observât de taches;

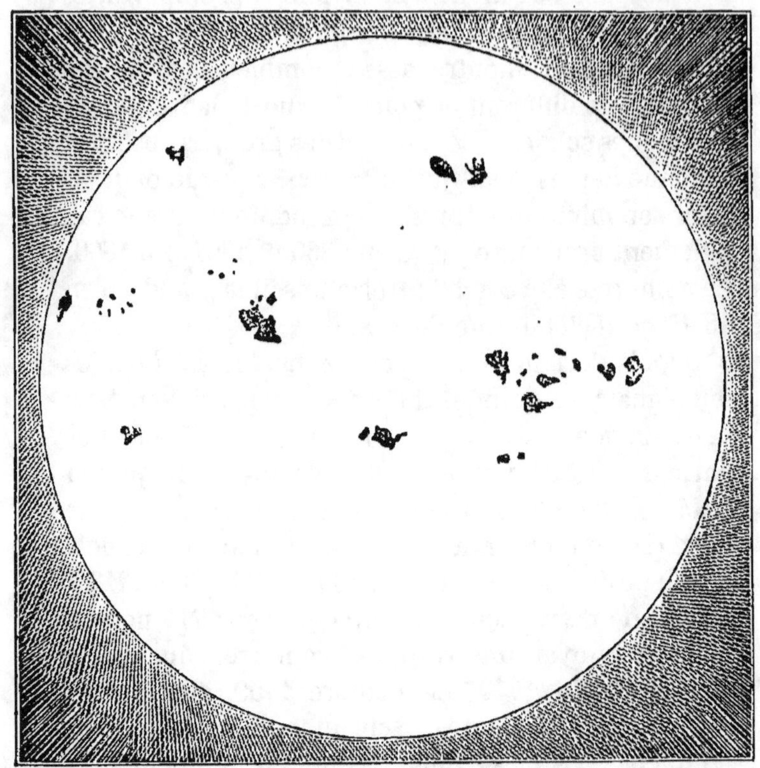

Fig. 43. — Taches du Soleil, le 2 septembre 1839, d'après le capitaine Davis.

le 10 juillet 1823 seulement, on en vit apparaître de
nouveau.

En réunissant et en comparant tous ces résultats,
en y joignant ses propres observations de 1826 à
1850, M. Schwabe, de Dessau, a mis hors de doute

l'existence d'une périodicité à peu près régulière dans la fréquence des taches; mais il est probable que la période de 10 à 11 années, qui résulte de ses recherches, subit elle-même des variations. Les grands travaux de Carrington que nous avons déjà si souvent cités, les observations continues de l'Observatoire de Kew, celles que poursuit M. Schwabe, achèveront de fixer ce point important de la physique solaire. Pour faire immédiatement saisir à l'œil les maximum et les minimum par lesquels le nombre des taches a passé depuis plus d'un siècle, nous avons reproduit (*fig.* 44) la courbe que donne Carrington dans son grand ouvrage, d'après ses propres recherches et celles du professeur Wolf (de Zurich), pour les anciennes séries d'observations. Au-dessous, on voit deux autres courbes, dont les sinuosités suivent plus ou moins régulièrement celles de la première. L'une d'elles exprime les variations de la distance de Jupiter au Soleil, parce qu'on a cru remarquer qu'il existe une corrélation entre la proximité de la planète et le retour des apparitions les plus fréquentes des taches solaires. La masse relativement considérable de Jupiter aurait-elle sur les phénomènes une influence comparable à celle de la masse lunaire sur les marées terrestres ? C'est une question qui n'est pas décidée, mais qui mérite examen [1].

1. MM. W. de la Rue, Stewart et Lœwy ont aussi étudié l'influence probable des planètes Jupiter et Vénus sur la distribution des taches solaires en latitude. Ils ont cru remarquer que si l'une de ces planètes se trouve à l'époque de son passage par le plan de l'équateur solaire, elle détermine un resserrement de la zone des taches vers l'équateur ; cette zone, au contraire, s'étend vers les pôles, quand la planète s'éloigne du plan de l'équateur du Soleil. (V. *Monthly notices*, nov. 1866.)

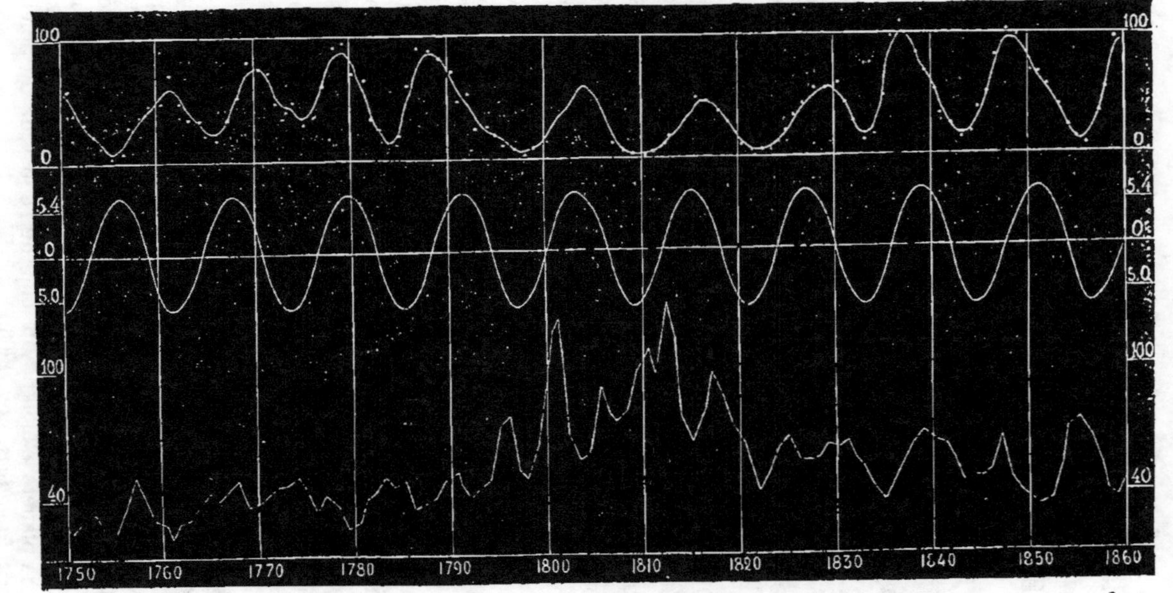

Fig. 44. — Courbes représentant 1° les variations du nombre des taches depuis 1750 jusqu'à 1860 — 2° les variations des distances de Jupiter au Soleil ; — 3° les variations du prix du blé.

Dans la troisième courbe de la figure, on voit les oscillations qu'ont subies les prix du blé, pendant le même intervalle de temps, en Angleterre. Voici ce qui a donné lieu au tracé de cette courbe, et à la comparaison qu'on en a faite avec la courbe de fréquence des taches du Soleil. W. Herschel avait été conduit, par ses idées théoriques sur la constitution physique du Soleil, à supposer que les taches sont l'indice d'une augmentation dans l'émission de chaleur et de lumière des régions de la surface où elles se montrent. Le rayonnement, s'il en était ainsi, serait plus intense aux époques où les taches sont nombreuses que dans celles où ce nombre est minimum, et, dès lors, la température moyenne de la Terre doit se ressentir de ces variations. Pour s'en rendre compte, l'illustre astronome, qui n'avait point alors d'observations météorologiques suffisantes, chercha dans un autre élément, le prix moyen du blé, un terme de comparaison : il crut reconnaître que ce prix, pour une période de près de deux siècles, avait été d'autant plus élevé que le Soleil avait des taches moins nombreuses.

La question a été reprise depuis. Gautier (de Genève), Arago et Barral ont dressé des tableaux plus complets, en mettant à profit les nombreuses observations météorologiques modernes, et leurs résultats sont en contradiction avec ceux d'Herschel. Du reste, on ne pourra trancher la question qu'en accumulant les éléments de comparaison. S'il y a une connexion entre le nombre des taches du Soleil et la température de la Terre, c'est par la réunion des températures moyennes d'un grand nombre de pays pris sous toutes les latitudes, et dans toutes les parties du monde, qu'on pourra s'en assurer. Comme le dit Arago avec un grand sens : « En ces matières, il faut se garder de généraliser avant d'avoir un très-grand nombre d'observations. »

La périodicité des taches a été encore mise en regard d'un autre phénomène terrestre, les mouvements de l'aiguille aimantée. Les variations diurnes de cet appareil sont sujettes à des maximum et à des minimum dont la période paraît être décennale et correspondre à la période des taches solaires. Il résulte des observations de Wolf (de Zurich), du père Secchi, de Sabine, que les époques où les taches solaires se présentent en plus grand nombre sont aussi celles où se produisent sur notre globe les perturbations magnétiques les plus considérables. Toutefois, d'après Wolf, il y aurait trois périodes différentes, soit pour les taches, soit pour les perturbations magnétiques et notamment les aurores boréales : l'une de 11 ans et 40 jours, l'autre de 55 ans et demi, la troisième de 166 ans. Sont-ce là des relations fortuites, ou la coïncidence de ces deux ordres de phénomènes est-elle due, comme il paraît plus probable, à une réelle influence du Soleil sur l'état magnétique de notre globe ?

§ 4. — CE QUE SONT LES TACHES SOLAIRES.

Hypothèses diverses sur la constitution physique du Soleil — Théorie de Wilson et de W. Herschel. — Les taches sont des cavités. — La photosphère est une substance gazeuse à l'état d'incandescence.

Nous sommes resté jusqu'ici dans le domaine des observations, c'est-à-dire des données positives de la science ; nous allons entrer maintenant dans celui des conjectures et des hypothèses, en cherchant à répondre à une question inévitable, que bien des gens, ignorants et savants, se sont posée avant nous, et que chacun de nos lecteurs s'est probablement posée déjà plus d'une fois, en lisant ce petit volume :

Qu'est-ce que le Soleil?

Si l'astronomie était en état de résoudre ce grand problème, elle serait bien près de résoudre celui de la constitution de l'univers entier, du moins au point de vue général où elle se place ; car nous avons vu que se demander ce qu'est le Soleil, c'est du même coup se demander :

Qu'est-ce qu'une étoile ?

Comme on le pense bien, toutes les théories imaginées depuis 250 ans que l'on observe le Soleil avec les lunettes, sont basées sur l'explication du phénomène des taches. Il était donc essentiel, pour les bien comprendre, de décrire en détail toutes les particularités de leur structure, de leur génération, de leurs mouvements apparents et réels, de leur périodicité, de leur distribution à la surface de l'immense sphère. C'est ce que nous avons fait. Passons donc maintenant en revue les hypothèses en question.

Une fois qu'il fut bien prouvé — et cela ne fut pas long — que les taches appartiennent bien en propre au corps du Soleil, les divers observateurs présentèrent chacun leur opinion.

Galilée regarde tout d'abord les taches comme une espèce de fumée, de nuage ou d'écume, se formant à la surface du Soleil, et nageant sur un océan de matière subtile ou fluide. Hévélius partage l'opinion du grand Florentin. D'autres considèrent aussi les taches comme flottant à la surface du Soleil ; mais tantôt ils en font des matières bitumineuses, lancées par des volcans sous-jacents, tantôt ce sont des corps solides et irréguliers, plongés dans le fluide et apparaissant de temps à autre à la surface. Voici, du reste, comment Cassini II résumait, en 1740, les divers sentiments qui avaient cours alors, et entre lesquels il juge prudent de ne point se prononcer.

« Les uns, dit-il, ont cru que le Soleil étoit un corps opaque, ayant des éminences et inégalités à peu près semblables à celles de la Terre, lesquelles sont couvertes par une matière fluide et lumineuse, qui l'environne de toutes parts ; que ce fluide étant porté en certains endroits plus que dans d'autres, par une cause qui a du rapport à celle des marées, laisse quelquefois entrevoir une ou plusieurs de ces pointes ou rochers, qui forment l'apparence des taches, autour desquelles il se fait une espèce d'écume qui représente ces nébulosités (les pénombres) ; que ces taches disparoissent, lorsque le fluide les recouvre, et qu'elles paroissent de nouveau lorsque ce fluide s'écoule vers un autre endroit : ce qui explique assez bien pourquoi on les voit reparoître aux mêmes endroits du disque du Soleil, après un certain nombre de révolutions. »

Cette première opinion est celle de La Hire, laquelle Lalande regardait encore, en 1764, comme la plus probable. Aujourd'hui que le mouvement propre des taches à la surface du Soleil est prouvé par de très-nombreuses observations, il est superflu de réfuter une opinion qui exige forcément leur immobilité, et qui est en contradiction avec les apparences des pénombres, plus foncées près des bords que du côté du noyau.

« D'autres, continue Cassini, ont pensé de même qu'il y avoit, au centre du Soleil, une espèce de noyau ou corps opaque, recouvert entièrement de matière fluide et lumineuse; que, dans ce corps opaque, il y avoit des volcans semblables à ceux du Vésuve et du mont Etna, qui jettent de temps en temps des matières bitumineuses qui sont portées sur la surface du Soleil, où elles font l'apparence des taches, de même que la nouvelle île qui s'est formée dans l'Archipel, près de l'île Sentorin, et celle qui a paru depuis vers les Açores; que cette matière bitumineuse est altérée par celle dont le Soleil est couvert, qui la consomme peu à peu, et forme les nébulosités et variations qu'on aperçoit dans les taches, lesquelles cessent de paroître lorsque cette matière est entièrement détruite; qu'elles reparoissent enfin de nouveau, aux mêmes endroits du disque du Soleil, lorsque ces volcans jettent de nouvelles matières.

« Quelques-uns ont jugé que le Soleil étoit composé d'une matière fluide dans laquelle il y avoit cependant quelques corps solides et irréguliers, qui, par le grand mouvement de ce fluide, étoient tantôt plongés au-dedans de cet astre et paraissoient ensuite sur sa surface où ils formoient l'apparence des taches qui varioient de figure suivant les surfaces irrégulières que ces corps nous présentoient.

« D'autres enfin ont supposé que le Soleil étoit formé par une matière subtile qui est dans une continuelle agitation; que des matières hétérogènes et plus grossières qui s'y trouvoient renfermées s'en séparoient par le mouvement rapide de ce fluide, et étoient portées vers la surface du Soleil où elles se réunissoient, à peu près de même que l'écume qui paroît au-dessus du métal fondu, ou de quelque autre matière qui bouillonne; que ces écumes étoient agitées par la matière du Soleil, ce qui les faisoit paroître sous les différentes figures que l'on observe dans les taches, où, indépendamment des raisons d'optique, on les voit augmenter ou diminuer de grandeur apparente, s'approcher et s'éloigner un peu les unes des autres; que ces taches disparoissoient enfin entièrement, après avoir été dissipées par l'agitation continuelle de la matière subtile qui compose le Soleil. »

Ces explications primitives des taches solaires ne sont que des interprétations grossières des phénomènes, tels qu'ils furent observés d'abord : on n'avait point encore étudié les taches dans tous leurs détails de mouvements et de structure; et on n'éprouvait pas le besoin de rendre compte de particularités encore inconnues. On remarquera que les deux premières hypothèses supposent implicitement que les taches se forment toujours aux mêmes régions de la surface, puisque ce sont ou des montagnes, ou des scories sortant de bouches volcaniques et dès lors fixes. Les deux autres hypothèses ressemblent aux premières par un point, puisque les taches sont soit des corps solides, soit des scories; mais elles en diffèrent par un autre point essentiel, puisque ces corps sont mobiles et dès lors peuvent se former ou se présenter dans des régions quelconques de la surface du Soleil.

Il est inutile du reste de nous arrêter plus long-temps à ces ébauches de théorie; le lecteur, après la description détaillée des phénomènes qu'on sait observer aujourd'hui à la surface du Soleil, ne peut manquer d'être frappé de leur principal défaut, je veux parler de leur insuffisance.

Abordons maintenant une théorie qui a été imagi-née par l'astronome anglais Wilson, modifiée et complétée par Bode, par W. Herschel, puis, dans notre siècle, adoptée et perfectionnée par un grand nombre de savants. Malgré les objections sérieuses dont elle a été récemment l'objet, elle compte encore des partisans illustres. Laissons là l'histoire, d'ail-leurs fort instructive, des phases par lesquelles a passé cette théorie, et bornons-nous à l'exposé qu'en a fait Arago, il n'y a pas vingt ans, dans son *Astrono-mie populaire*.

En quoi elle se distingue immédiatement des théories antérieures, c'est qu'elle considère les taches, non plus comme des corps émergeant ou flottant sur la photosphère, mais bien comme des ouvertures, des cavités existant momentanément dans l'enveloppe lumineuse et laissant voir les par-ties intérieures, moins brillantes, du globe solaire. Ce globe tout entier serait lui-même formé de la ma-nière suivante :

« C'est d'abord, intérieurement, un noyau sphé-rique, relativement obscur, entouré à une certaine distance d'une première atmosphère $b\ b\ b$ (*fig.* 45), qui peut être comparée à l'atmosphère terrestre, lorsque celle-ci est le siége d'une couche continue de nuages opaques et réfléchissants. Si on place de plus, au-dessus de cette première couche, une se-

conde atmosphère lumineuse *a a*, qui prendra le
nom de *photosphère*, cette photosphère, plus ou
moins éloignée de l'atmosphère nuageuse intérieure,

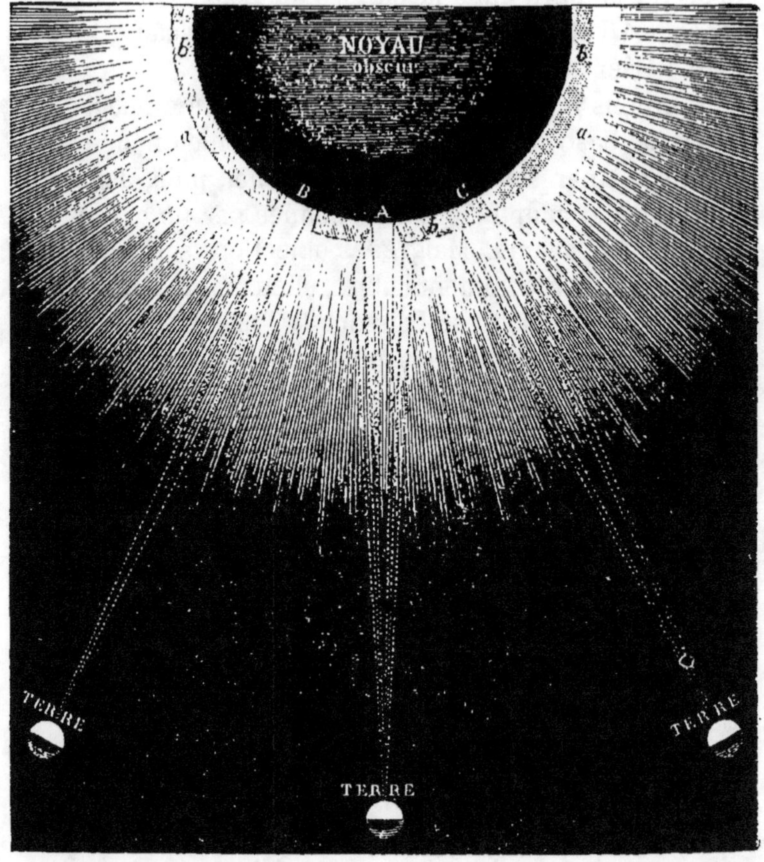

Fig. 45. — Explication des phénomènes des taches dans l'hypothèse de Wilson
et d'Herschel : *aaa*, photosphère ; *bbb*, atmosphère nuageuse intérieure ; A, tache
avec noyau et pénombre ; B, noyau sans pénombre ; C, pénombre sans noyau.

détermine par son contour les limites visibles de
l'astre. »

Voyons maintenant comment cette hypothèse rend

compte des apparences que présentent les taches solaires et les parties sombres ou lumineuses du disque.

Si l'on imagine qu'à la surface du noyau obscur il se forme de temps à autre des masses gazeuses, dont une haute température amène la déflagration ; ou encore, s'il existe à la même surface des foyers d'é-ruptions volcaniques, les jets provenant de ces foyers déchirant successivement les deux atmosphères du Soleil, produiront des trouées d'une étendue plus ou moins considérable, des vides, à travers lesquels on pourra voir le noyau central.

Ces ouvertures doivent avoir plus généralement la forme d'un cône irrégulier, évasé à sa partie supé-rieure, laissant voir à sa base la plus étroite la par-tie solide et obscure du Soleil, et tout autour, l'at-mosphère nuageuse, de couleur grisâtre. De là les taches noires, environnées de leurs pénombres.

Mais il peut arriver que l'ouverture pratiquée ainsi dans la photosphère ait une moindre étendue que celle de l'atmosphère nuageuse. Dans ce cas, le noyau noir sera seul visible, et c'est ainsi que se trouvent expliqués les noyaux sans pénombre. Au contraire, la déchirure de la première enveloppe grisâtre vient-elle à se refermer avant celle de la photosphère, alors on ne peut plus apercevoir le corps obscur, ce qui permet d'expliquer aisément les pénombres dépourvues de noyau. Lorsqu'une déchirure violente et subite se produit dans une masse gazeuse comme la photosphère, il doit y avoir tout autour de l'ouverture une condensation de la matière dont elle est formée, et dès lors une plus grande intensité lumineuse. Telle serait l'origine des facules qui entourent presque toujours les taches.

Cette théorie de la constitution physique du Soleil rend compte, d'une façon assez satisfaisante, des détails des phénomènes observés. La variation de forme des taches, leur disparition, leur mobilité même y trouvent une explication très-naturelle. Le fait, souvent constaté, que le noyau diminue peu à peu, pour s'évanouir comme un point en laissant subsister la pénombre quelque temps encore après sa disparition, se comprend à merveille : c'est bien ainsi que peu à peu doivent se resserrer, pour se rapprocher tout à fait, les talus mobiles des deux atmosphères, à mesure que la cause qui leur avait donné naissance diminue d'énergie et disparaît. On conçoit aussi qu'après la disparition d'une tache, les facules doivent subsister encore et même se montrer plus intenses, puisqu'un certain temps doit être nécessaire pour rétablir l'homogénéité parfaite des couches gazeuses, et que les matières gazeuses, en se précipitant dans le vide formé primitivement par le noyau et la pénombre, s'y condensent naturellement et deviennent ainsi plus lumineuses.

Outre les courants ascendants dont la rapidité est assez puissante pour trouer les enveloppes atmosphériques du Soleil, on conçoit qu'il existe une agitation continuelle dans les couches gazeuses et à la surface de la photosphère. Cette surface n'est donc point polie, mais sillonnée de rugosités, d'élévations et de dépressions dans tous les sens, analogues aux vagues de l'Océan. De là les rides lumineuses et les rides sombres, qui constituent les lucules; de là cette multitude de pores qui donnent au Soleil l'aspect pointillé dont il a été question plus haut.

Toutes ces explications des phénomènes des taches solaires sont basées sur deux hypothèses : la première, c'est que les taches sont des excavations dans une enveloppe lumineuse ; la seconde, c'est que le noyau intérieur du Soleil est obscur et que la lumière de la photosphère est celle d'un gaz à l'état d'incandescence. Il reste à savoir si ces deux hypothèses peuvent être étayées d'observations positives.

Et d'abord, les taches sont-elles des ouvertures, des cavités, des dépressions, si l'on veut, de la photosphère ?

Pour simplifier les idées, considérons une tache de forme circulaire, dont le noyau noir est entouré d'une pénombre à peu près partout d'égale largeur ; et supposons un instant qu'elle ne change en réalité ni de dimensions ni de forme, pendant tout son trajet apparent sur le disque, du bord oriental au bord occidental. Ce n'est qu'au centre qu'elle se montrera à l'observateur sous sa véritable forme, celle de deux cercles concentriques, ou, si l'on veut, d'un cercle noir bordé d'un anneau grisâtre. Avant d'arriver au centre, comme après y avoir passé, la perspective a nécessairement déformé la tache, lui laissant ses dimensions vraies parallèlement à l'axe de rotation, mais la rétrécissant dans le sens de sa largeur, et cela, d'autant plus que la tache est plus rapprochée de l'un ou de l'autre bord. C'est alors un composé de deux ovales concentriques.

Si la tache et sa pénombre sont deux accidents tout superficiels de la surface de la photosphère, des teintes plus obscures de cette surface, que doit-on observer ? Évidemment ceci : l'anneau grisâtre formant la pénombre paraîtra moins large du côté où l'obliquité des rayons visuels est la plus grande, c'est-à-dire du côté des bords du Soleil, et cette inégalité de largeur sera d'autant plus sensible que la tache sera plus près de l'un ou de l'autre bord.

Si la tache est un objet saillant sur la surface de la photosphère, l'effet de perspective que nous venons de décrire sera encore plus tranché, et le noyau noir masquant la pénombre du côté du bord,

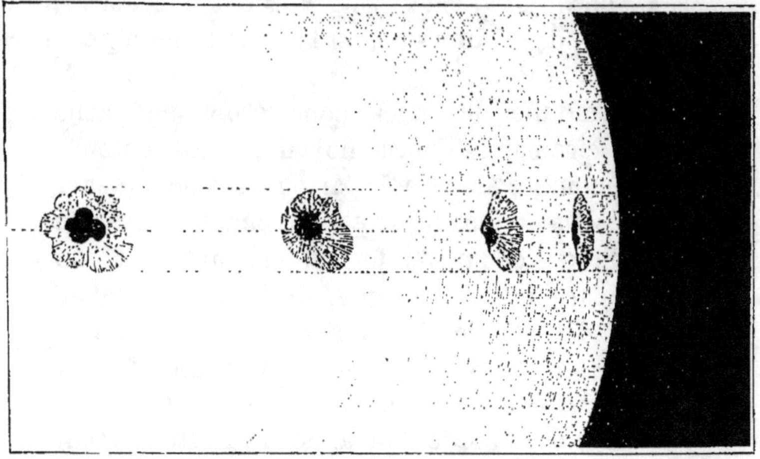

Fig. 46. — Changement apparent dans la forme d'une tache solaire, pendant son mouvement du centre au bord du Soleil.

celle-ci disparaîtra de ce côté, tandis que la pénombre, du côté du centre, restera visible.

Enfin, la tache, au contraire, est-elle une cavité, dont la pénombre forme les talus, un effet inverse doit se produire, celui que représente la figure 46, où l'on peut observer le changement apparent d'une tache que la rotation entraîne du centre au bord du Soleil; c'est la partie de la pénombre tournée vers le centre qui diminue la première de largeur, et elle finit même par disparaître complétement, tandis que l'autre partie, se montrant à l'œil sous des incidences moins obliques à mesure que le mouvement l'amène vers le bord, semble augmenter de dimensions. Plus près du bord, il arrivera un moment où le noyau qui est le fond de la cavité disparaîtra à l'œil, puis la pénombre elle-même, s'effilant de plus en plus, deviendra invisible avant d'avoir atteint le bord du Soleil.

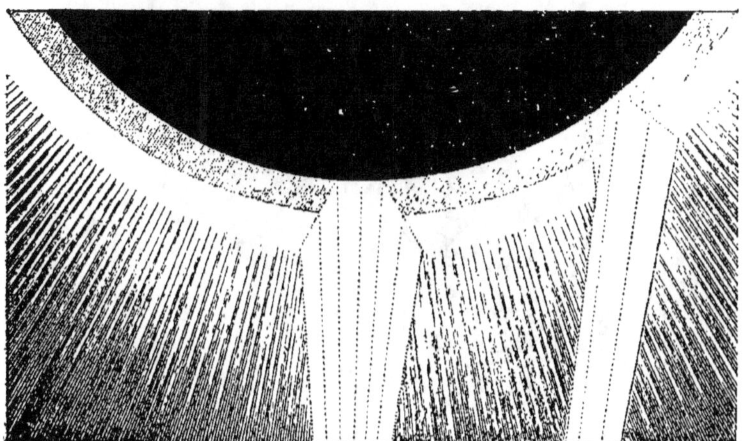

Fig. 47 — Explication du changement de forme du noyau et de la pénombre dans l'hypothèse de Wilson.

Telle est précisément l'apparence que Wilson observa en novembre 1769, et qui lui suggéra l'hypothèse exposée plus haut. Depuis, de nombreuses observations et de nouveaux arguments qui nous paraissent décisifs, ont confirmé ce point spécial, et prouvent que les taches sont véritablement des ouvertures dans la photosphère.

M. Faye, en énumérant toutes ces preuves, cite notamment une observation de Galilée qui a été bien des fois répétée depuis. Deux taches voisines sont vues au centre du disque, séparées seulement par un intervalle lumineux étroit. Si la tache la plus voisine du centre était en saillie, ce filet lumineux serait bientôt masqué par elle, tandis qu'il subsiste jusqu'aux bords, ne diminuant de largeur que dans la proportion voulue par la perspective.

M. Chacornac m'écrivait en 1865, pour insister sur

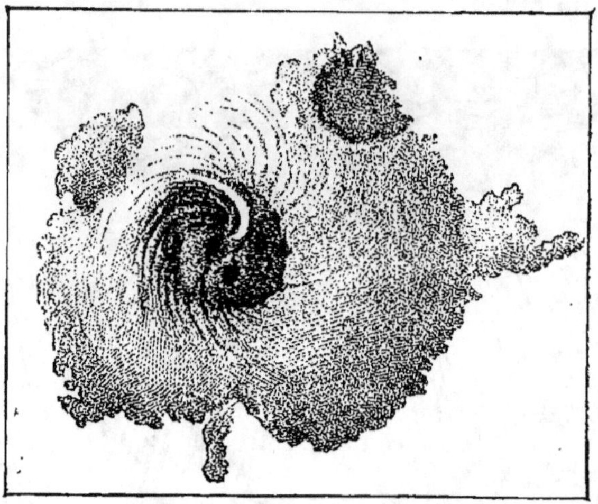

Fig. 48. — Tache en forme de tourbillon, observée par Secchi, le 5 mai 1857.

ce fait que, dans l'hypothèse de taches en saillies, nuages ou autres objets, « jamais une tache ne devrait disparaître avant d'être arrivée aux bords du disque; » ce qui est cependant le cas général de l'observation.

Une fois cette idée admise, que les taches solaires sont des excavations, des déchirures de l'enveloppe lumineuse photosphérique, il est difficile de se garder de l'illusion qui fait tout naturellement voir un trou dans une tache noir qui se détache sur un fond blanc ; qui, dans la tache de la figure 48, montre un tourbillon gigantesque, un entonnoir au fond duquel la matière de la photosphère se déverse et s'effondre. De telles illusions toutefois ne pouvaient suffire et suppléer aux observations. Une expérience curieuse de Warren de la Rue fait de cette illusion d'optique un argument qui la transforme en réalité incontestable. Le savant et ingénieux astronome a pris des vues photographiques d'une même tache, à deux jours de distance, de façon à obtenir l'angle visuel nécessaire à la vision en relief ou stéréoscopique. Eh bien, examinées au stéréoscope, les deux images accusent, paraît-il, avec une netteté admirable, la forme en entonnoir de la tache photographiée.

Au moment où nous écrivons ces lignes, nous recevons le numéro du 16 novembre 1868 des Comptes-rendus de l'Académie des sciences, et nous y lisons cette note :

« M. Delaunay met sous les yeux de l'Académie une photographie du Soleil qui lui a été remise par M. W. de la Rue. Cette photographie a été faite au moment où une forte tache solaire était arrivée exactement au bord du disque de l'astre. On y voit, en un point du contour du Soleil, une échancrure qui indique, sans aucun doute possible, l'existence d'un creux dans la photosphère à l'endroit où se trouvait la tache. »

Enfin, en étudiant un grand nombre de taches, et en mesurant la largeur de leurs pénombres à droite et à gauche de la ligne représentant sur le disque l'axe solaire, les astronomes de Kew ont obtenu un résultat tout en faveur de l'hypothèse en question. Sur 605 cas différents, 75 n'ont fourni aucune indication, c'est-à-dire que les pénombres des taches étaient également étendues du côté du centre et du côté du bord; sur les 530 restants, 456 ou 86,04 pour cent étaient favorables à l'hypothèse de Wilson, leurs pénombres étant plus larges du côté du bord le plus voisin du Soleil que du côté du centre; 74 ou 13,96 pour cent seulement présentaient l'apparence contraire [1]. En mesurant de même la largeur des pénombres, dans le sens de l'axe, pour des taches situées de part et d'autre de l'équateur, les auteurs des recherches que nous venons de citer ont trouvé que l'effet de raccourcissement ou de perspective était celui qu'exige l'hypothèse de Wilson : 81 taches sur 100 avaient leurs pénombres plus larges vers les pôles que du côté du centre.

En résumé, il semble clairement prouvé que les taches et leurs pénombres sont des trouées, des cavités qui apparaissent temporairement dans la photosphère. Ce premier point de la théorie proposée paraît hors de contestation. Il reste à savoir si le second point est aussi probable, c'est-à-dire si le globe du Soleil est formé d'un noyau obcur, enveloppé à des distances différentes de deux couches : l'une, non lumineuse par elle-même, mais réfléchissant, à travers les déchirures de la couche extérieure, la lumière qu'elle en reçoit ; l'autre, lumineuse par elle-même et constituant la périphérie visible du corps du Soleil, le siége des radiations lumineuses, calorifiques et chimiques.

1. *Researches on Solar physics*, by Warren de la Rue, Balfour Stewart, and Benjamain Lœwy 1ˡ séries, 1865.

En premier lieu, la photosphère est-elle, comme
le suppose la théorie, un gaz que sa haute température porte à l'incandescence? Y a-t-il, au contraire,
des raisons de supposer que c'est un océan liquide,
une masse en fusion, ou même un corps solide incandescent?

Si les taches sont vraiment des cavités, il faut rejeter les deux dernières suppositions; car si ces cavités peuvent se produire dans un liquide, il est
incroyable qu'elles durent aussi longtemps, que l'é-
quilibre des masses formant les talus reste troublé
des jours, des mois entiers, que ces excavations
énormes, en un mot, ne se comblent pas plus rapidement. Enfin, si la photosphère est un solide incandescent, on est forcé de considérer les taches
comme des corps extérieurs en saillie à la surface
du globe solaire.

Ce ne sont là, toutefois, que des preuves néga-
tives. Arago a fourni un argument décisif en faveur
de la nature gazeuse de la photosphère. D'après
ses expériences, la lumière qui émane d'un corps
liquide ou solide incandescent, sous un angle très-
petit, offre constamment des traces de polarisation[1].
La lumière qui nous vient des bords du Soleil devrait donc être partiellement polarisée, si c'est une
masse liquide ou solide; en pénétrant dans la lunette
polariscope, elle devrait se décomposer en deux
faisceaux colorés, teints de deux couleurs complé-
mentaires. Il n'en est pas ainsi, et l'observation
montre que, quel que soit l'angle d'émission, quelque

1. Voyez, pour la signification de ces mots *polarisation,
lumière polarisée*, *lumière naturelle*, le livre III de notre
ouvrage *les Phénomènes de la Physique.*

région du disque qu'on examine, la lumière de la photosphère est toujours à l'état naturel, semblable dès lors à celle qui émane d'une substance gazeuse incandescente, « à celle, dit Arago pour préciser, qui éclaire aujourd'hui nos rues, nos magasins. »

Cette expérience, qui semble décisive en faveur de la nature gazeuse de la photosphère, a été cependant, dans ces derniers temps, mise en question par une autre expérience d'optique d'une non moindre importance, que nous allons exposer et dont on a essayé de faire la base d'une théorie nouvelle de la constitution physique du Soleil.

§ 5. — HYPOTHÈSES CONTEMPORAINES SUR LA CONSTITUTION PHYSIQUE DU SOLEIL.

Analyse spectrale de la lumière solaire et théorie proposée par MM. Kirchhoff, Bunsen, Mitscherlich. — Théorie de M. Faye.

La lumière du Soleil, décomposée par son passage à travers un prisme de substance réfringente, produit une image teinte de diverses couleurs rangées dans un ordre constant, connue sous le nom de *spectre solaire*. Le spectre solaire est, en outre, sillonné d'une multitude de raies sombres ou noires, les unes assez fortes, les autres très-fines et qu'on ne peut distinguer qu'en prenant des précautions spéciales.

Toute lumière émanée d'une autre source que le Soleil donne aussi un spectre, quand on la décompose par le prisme; mais, selon la nature de la source, les spectres obtenus se distinguent les uns des autres par des caractères spéciaux, et les physiciens les rangent aujourd'hui en trois ordres :

Un *spectre du premier ordre* forme une bande colorée continue, sans aucune interruption produite par des raies sombres ou par des raies brillantes. La lumière qui le produit émane d'un corps solide ou liquide, à l'état d'incandescence, mais opaque. De la chaux, du fer, de la magnésie portés à une température assez élevée pour devenir lumineux, donnent des spectres du premier ordre.

Un *spectre du second ordre* est formé de raies lumineuses et colorées, que séparent de larges intervalles obscurs. Il est produit par les sources de lumière qui sont à l'état gazeux, et, selon la nature chimique du gaz, les raies varient de nombre, de position et de couleur. De là la possibilité d'étudier chimiquement les gaz qui se trouvent dans une flamme, par les raies qu'on observe dans son spectre.

Enfin, un *spectre du troisième ordre* est celui dans lequel des raies noires ou sombres interrompent la continuité de la bande colorée qui le forme : c'est, en un mot, un spectre analogue à celui que produit un faisceau de lumière solaire. Or, il y a quelques années, deux physiciens et chimistes allemands, Kirchhoff et Bunsen, ont donné la raison de cette production de raies noires dans la bande lumineuse. Ils ont fait voir que les raies brillantes qui constituent le spectre d'une substance gazeuse, se transforment en raies sombres, quand une source lumineuse plus intense, susceptible de donner un spectre continu, est placée en arrière de la flamme.

Ainsi, la lumière de Drummond, produite par l'incandescence de la chaux dans l'oxygène, donne seule un spectre continu; la flamme très-faible d'un bec de gaz, d'un brûleur de Bunsen, dans laquelle on met quelques gouttes d'alcool salé, donne isolément pour spectre une raie jaune occupant la place de la raie D de Fraunhofer du spectre solaire ; c'est la raie caractéristique du sodium. Qu'on place maintenant cette dernière flamme entre l'œil et la lumière Drummond, à l'instant dans le spectre continu de celle-ci on voit apparaître la raie noire D. C'est le phénomène que Kirchhoff a nommé le *renversement du spectre des flammes*, qu'il a d'ailleurs constaté sur un assez grand nombre de substances métalliques. Un spectre du troisième ordre est donc celui que donne une lumière émanée d'un liquide ou d'un solide incandescent, mais qui a dû traverser une masse gazeuse, une atmosphère de vapeurs absorbantes.

Généralisant ces curieux résultats de l'expérience, les savants physiciens ont conclu de là que les raies noires dont le spectre solaire est sillonné, indiquent le renversement d'autant de raies brillantes par l'interposition d'une couche gazeuse au-devant de la lumière de la photosphère du Soleil. Cette photosphère joue pour nous, d'après eux, le rôle de la lumière Drummond de l'expérience qu'on vient de décrire ; une atmosphère gazeuse qui l'enveloppe, et qui contient en suspension les vapeurs de certaines substances métalliques, joue le rôle du brûleur de Bunsen renfermant les parcelles du sodium.

De là cette conséquence inattendue, que l'étude des 2 000 et quelques raies noires du spectre solaire peut servir à analyser chimiquement l'atmosphère du Soleil, dès lors à connaître les métaux ou autres corps simples qui forment la matière de son

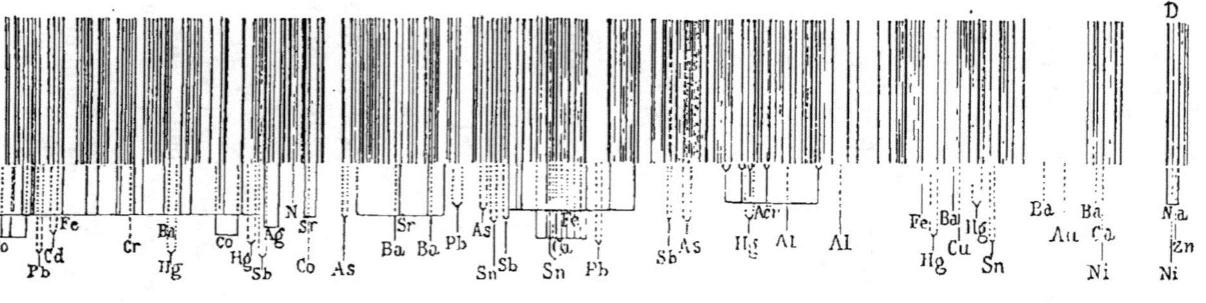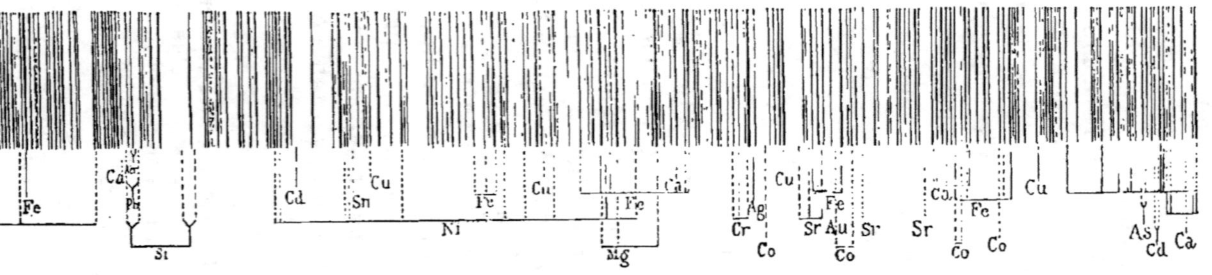

Fig. 49. — Fragments du spectre solaire; raies noires; coïncidence avec les lignes des spectres métalliques. Fe, lignes du fer, etc.

globe. Par exemple, les 70 lignes brillantes du fer, variées de couleur, de largeur et d'intensité coïncident, sous tous ces points de vue et d'une façon si précise, avec 70 raies sombres du Soleil, qu'il est impossible de douter qu'il y ait dans l'atmosphère solaire du fer à l'état de vapeur métallique. Dans la figure 49, on voit un certain nombre de ces raies, marquées Fe. On y trouve aussi un grand nombre de lignes qui coïncident avec les raies brillantes de plusieurs autres métaux et corps simples, tels que le cuivre, le zinc, le chrome, le nickel, le magnésium, le calcium, le sodium, l'hydrogène : il est probable que le Soleil renferme aussi du cobalt, du strontium, du cadmium. En revanche, il n'y a ni or, ni argent, ni platine : il est assez singulier que l'astre auquel les alchimistes avaient consacré l'or ne contienne pas ce roi des métaux [1].

Ces résultats de l'analyse des spectres des sources lumineuses ont conduit à considérer le spectre solaire comme un spectre du troisième ordre, comme produit dès lors par une source susceptible de donner un spectre continu, au-devant de laquelle est interposée une atmosphère gazeuse absorbante. De là la théorie suivante proposée par Kirchhoff comme exprimant la véritable constitution physique du Soleil :

1. Toutefois, cette dernière conclusion des analyses de Kirchhoff est trop absolue ; des recherches plus récentes de Mitscherlich, il résulte que la présence de certaines substances dans une flamme peut avoir pour effet d'empêcher de se produire les spectres d'autres substances, d'éteindre leurs raies principales : ainsi, quand on imprègne de chlorure de cuivre et d'ammonium la flamme du chlorure de strontium, la raie bleue de ce métal disparaît.

« La partie visible du Soleil, celle qui est limitée par les contours du disque et dont la surface forme la photosphère, serait une sphère solide ou liquide, incandescente;

« Ce noyau, dont la température est très-élevée, serait entouré d'une atmosphère très-dense, formée des éléments constitutifs du globe incandescent, que l'intensité de la température maintient à l'état de vapeurs. »

S'il en est ainsi, les taches ne peuvent être que des accidents extérieurs à la photosphère en saillie au-dessus de sa surface. Comment les explique-t-on dans la théorie nouvelle? Le voici :

M. Kirchhoff admet que, sous l'action de causes inconnues, des refroidissements partiels peuvent se produire en divers points de l'atmosphère du Soleil. Qu'arrivera-t-il alors? Qu'il se formera, en ces points, des précipitations analogues aux nuages de vapeur d'eau de l'atmosphère terrestre. Des agglomérations très-denses de vapeurs à l'état vésiculaire, des nuages sombres, interceptant les rayons lumineux du corps du Soleil, nous paraîtront comme des taches sur son disque. Un nuage, une fois formé, devient un écran pour les régions supérieures; de là un refroidissement dans ces régions, et la formation nouvelle d'une couche nuageuse plus légère, moins opaque et qui, de la Terre, aura l'apparence des pénombres qui environnent les taches. Dans cette hypothèse, les déformations apparentes subies par une tache qui se meut du bord au centre ou réciproquement, s'expliquent aussi par un effet de perspective dont la figure 50 donnera l'intelligence. Vue au centre ou de face, la tache semblera occuper le milieu de la pénombre; mais en s'éloignant vers le bord, la partie du nuage supérieur située du côté du centre se projettera sur le noyau sombre, et se confondra avec lui, tandis que la portion du même nuage située du côté du bord s'élargira en laissant voir, dans son épaisseur, la couche nuageuse qui domine la nuée noire.

Telle est la théorie nouvelle, en contradiction complète avec la première, celle de Wilson, d'Hers-

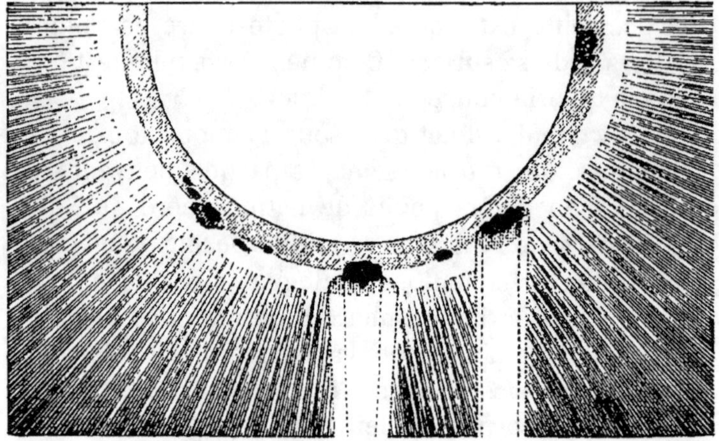

Fig. 50. — Explication des taches solaires dans l'hypothèse de Kirchhoff. — Noyau solide ou liquide incandescent; nuages superposés.

chel et d'Arago. D'une part, l'observation prouve que les taches sont des ouvertures de la photosphère, tandis que M. Kirchhoff, reprenant la première hypothèse de Galilée, en fait des nuages suspendus dans l'atmosphère du Soleil; d'autre part, l'analyse polariscopique enseigne, d'après Arago, que la photosphère est un gaz incandescent, tandis que l'analyse spectrale des physiciens allemands prouverait qu'elle ne peut être qu'un solide ou un liquide également à l'état d'incandescence. Il y a là une opposition qui a remis en question, de la façon la plus absolue, tout ce qui concerne la constitution physique du Soleil.

Avant de montrer comment on a cherché à concilier les deux théories, faisons le bilan de chacune d'elles au point de vue des objections qu'on a le droit de leur faire, et aussi au point de vue de leur insuffisance.

L'ancienne théorie fait du noyau du Soleil un corps relativement obscur et froid. Comment expliquer que la photosphère, dont la radiation calorifique est encore si puissante à une distance de près de 150 millions de kilomètres, soit sans action sur les couches si voisines de l'atmosphère intérieure et, par conductibilité, sur le noyau même du Soleil? Evidemment une source de chaleur aussi intense, et qui ne paraît pas avoir diminué sensiblement d'intensité depuis des millions d'années, séparée par quelques centaines de lieues d'une masse froide et obscure, ce serait là un phénomène à peu près inexplicable dans l'état actuel des sciences physiques. D'après les lois de l'équilibre de la chaleur dans une enceinte formée, il ne paraît pas douteux que la température du noyau interne doive être au moins égale à celle des couches de la photosphère.

La même théorie ne rend pas compte des inégalités que présentent les vitesses de rotation du Soleil, selon qu'elles sont données par des taches équatoriales, ou par des taches de latitudes croissantes; elle n'explique pas davantage la distribution inégale des taches dans les deux zones d'apparition, situées de part et d'autre de l'équateur.

Mais la théorie nouvelle, il faut bien le dire, est sujette à des objections au moins aussi graves. Si, comme la première, elle rend compte de l'excentricité du noyau et de la pénombre vers les bords du Soleil, elle est en contradiction avec les observations positives et nombreuses qui nous montrent le noyau devenant invisible avant d'atteindre le bord de l'astre. Elle n'explique ni les facules, ni les pores, ni les granulations connues sous le nom de feuilles de saule; elle ne dit point enfin comment il se fait que les taches ne se forment jamais dans les régions polaires, tandis qu'elles sont si fréquentes dans les deux zones voisines de l'équateur.

C'est après avoir pesé toutes ces difficultés, qu'un astronome français, M. Faye, reprenant la discussion des faits et des théories opposées, a été conduit, ces dernières années, à proposer une théorie nouvelle assez compréhensive, selon lui, pour expliquer les phénomènes connus, sans donner lieu aux objections que nous venons de résumer rapidement.

M. Faye part de ce fait d'observation qui lui paraît incontestable, à savoir, que les taches solaires sont des cavités dans la photosphère de l'astre. Il oppose à l'explication de M. Kirchhoff les objections que nous avons nous-même indiquées plus haut, et, sur ce point, se prononce pour la théorie de Wilson. De même, il admet, avec les partisans de cette dernière théorie, la nature gazeuse de la photosphère, reconnaissant ainsi comme démonstratives les observations faites par Arago de la non-polarisation de la lumière du Soleil sur les bords. Mais où il se sépare complétement des vues de W. Herschel, c'est sur la constitution de tout le noyau intérieur qu'il consi-

dère comme étant entièrement gazeux ; l'hypothèse d'un noyau froid lui semble, comme aux physiciens allemands, une impossibilité physique. Mais
alors, comment expliquer les taches noires et leurs
pénombres? Pour bien saisir la théorie proposée
par M. Faye, et de laquelle il déduit l'explication des
taches, de leur formation et de leurs mouvements,
il faut reprendre avec lui les choses de plus haut.

Le Soleil, toutes les étoiles qui brillent dans les
profondeurs de l'espace, et que, selon les idées généralement adoptées par les astronomes modernes,
rien ne distingue de notre Soleil, auraient été originairement formés « par la réunion successive de la
matière en vastes amas, sous l'empire de l'attraction, de matériaux primitivement disséminés dans
l'espace. De là deux conséquences immédiates :
1° la destruction d'une énorme quantité de force
vive, remplacée par un énorme développement de
chaleur; 2° un mouvement de rotation plus ou moins
lent pour la masse entière. »

Une telle masse gazeuse homogène, dont la chaleur interne dépasse de beaucoup la température
où les actions chimiques commencent à s'exercer,
ayant un pouvoir émissif très-faible, puisque ses
radiations doivent être toutes superficielles, et une
conductibilité pareillement très-peu intense, l'équilibre de la masse entière ne subira que de lentes
modifications. « A moins de circonstances nouvelles,
on ne voit pas comment cette masse pourrait émettre cette énorme quantité de chaleur qui ne semble
subir aucun affaiblissement dans le cours des siècles. » Pour résoudre cette difficulté, M. Faye fait
observer que les mesures de l'intensité de la radia-

tion solaire prouvent que la température de la surface de l'astre est loin d'être aussi élevée que la température interne qu'il assigne aux couches profondes. Dès lors l'action des forces moléculaires et atomiques, de la cohésion et de l'affinité, nulle à l'intérieur, peut fort bien reparaître à la surface. D'où des précipitations, des nuages de particules non gazeuses, susceptibles d'incandescence. « Bientôt ces particules, sollicitées par la gravité, gagneront en tombant les couches inférieures, où elles finiront par retrouver la température de dissociation, et seront remplacées, dans les couches superficielles, par des masses gazeuses ascendantes, qui viendront y subir le même sort. L'équilibre général sera donc ainsi troublé dans le sens vertical seulement, par un échange incessant de l'intérieur à la superficie qui eût été impossible dans la phase précédente ; et, comme la masse interne ainsi mise en rapport avec l'extérieur est énorme, on conçoit que l'émission superficielle puisant incessamment dans le vaste réservoir de la chaleur centrale, constitue une phase de très-longue durée et d'une grande constance. » L'existence de la photosphère se trouve de la sorte expliquée : sa formation est une simple conséquence du refroidissement. Il reste à expliquer les taches.

D'après M. Faye, les taches sont dues aux courants verticaux ascendants et descendants : là où les premiers de ces courants auront une intensité prédominante, la matière lumineuse de la photosphère se trouvera momentanément dissipée. « A travers cette sorte d'éclaircie, ce n'est pas le noyau solide, froid et noir du Soleil que l'on apercevra, mais la masse gazeuse, ambiante et interne, dont le pouvoir émissif, à la température de la plus vive incandescence, est tellement faible, par rapport à celui des nuages lumineux de particules non gazeuses, que la différence de ces pouvoirs suffit à expliquer le contraste si frappant des deux teintes observées avec nos verres obscurcissants. »

M. Faye fait voir ensuite que la loi déduite des observations de M. Carrington, loi d'après laquelle les différentes zones de la photosphère subissent, dans la durée de leur rotation, des retards qui sont à peu près proportionnels aux carrés des sinus de leur latitude, est une conséquence de la rupture d'équilibre produite par les courants [1]. Enfin, il cherche à montrer que les expériences d'Arago sur la non-polarisation de la lumière émanée des bords,

1. « Les masses ascendantes, dit-il, parties d'une grande profondeur, arrivent en haut avec une vitesse linéaire de rotation moindre que celle de la surface, parce que les couches d'où elles partent ont un moindre rayon. De là un ralentissement général dans le mouvement de la photosphère, bien que ce retard doive être compensé, pour la masse totale, par les courants descendants, de manière que la loi fondamentale des aires soit satisfaite. Si la photosphère est en retard sur la rotation générale, les couches profondes devront, par compensation, se trouver en avance sur ce mouvement. De cette opposition il résulte que, tandis que la photosphère aura une faible tendance à se rapprocher de l'axe de rotation, en coulant superficiellement vers les pôles, la tendance contraire se manifestera dans les couches inférieures qui se porteront vers l'équateur. Les choses se passeront comme si les points de départ des courants verticaux se trouvaient sur une surface interne plus éloignée des pôles que de l'équateur ; et si cette surface idéale d'émission était sphéroïdale, par exemple, sa profondeur et par suite le retard des zones successives de la photosphère varieraient à peu près comme le carré du sinus de la latitude. » (*Comptes-rendus de l'Académie des sciences*, 1865, I.)

et celles de Kirchhoff sur les raies du spectre, ne sont peut-être pas contradictoires. Arago parlait d'un gaz analogue au gaz d'éclairage, où les particules solides incandescentes produisent l'éclat lumineux, non de la flamme obscure d'un gaz simple. Et, d'autre part, les savants qui ont conclu des expériences de Kirchhoff à la liquidité de la photosphère « n'ont peut-être pas pris garde que des molécules incandescentes, diffusées dans un milieu gazeux porté lui-même à une haute température, donneraient un spectre continu, à l'exception des raies noires dues à l'absorption de ce milieu. »

Dès 1852, M. Chacornac signalait la tendance qu'ont les taches du Soleil à former des groupes allongés dans le sens du mouvement de rotation de l'astre ; celle dont le noyau est le plus grand, le plus noir et qui persiste le plus longtemps, précède très-souvent une trainée de taches disposée parallèlement à l'équateur solaire. Quand le groupe disparaît par l'envahissement des facules placées à l'arrière, c'est la tache la plus avancée dans le sens de la rotation qui s'évanouit en dernier lieu. Cette disposition des facules en arrière des taches, c'est-à-dire à gauche, a été confirmée par les recherches de Balfour-Stewart et de Warren de la Rue, qui, sur 1 137 taches solaires accompagnées de facules, ont constaté que 584 avaient leurs facules à gauche, et 45 seulement à droite, les 508 taches restantes ayant des facules de chaque côté de la direction du mouvement.

M. Faye s'empare des observations qui précèdent comme d'autant de témoignages à l'appui de sa théorie : elles prouvent en tous cas une liaison évidente entre les phénomènes observés et le mouvement de rotation de la photosphère. Si, comme les astronomes anglais l'affirment, il est hors de doute que les facules soient à un niveau plus élevé que le niveau général de la surface photosphérique, le retard des matières brillantes qui les forment s'explique tout naturellement par la combinaison du mouvement qui les a élevées à ce niveau avec celui de la rotation.

Telle est en résumé la nouvelle théorie, ou plutôt telle elle était dans une première ébauche. Comme on le voit par l'aperçu que nous venons d'en donner, elle rendait compte d'un certain nombre de phénomènes généraux, sans parvenir encore à expliquer les faits de détail, par exemple les granulations connues sous le nom de feuilles de saule, de grains de riz; et elle n'échappait point à quelques graves objections. Au premier abord, on se fait difficilement l'idée d'une masse aussi considérable, de la régularité de sa forme, dans l'hypothèse où ce n'est qu'une agrégation de gaz à une excessivement haute température. Mais l'analyse appliquée à la solution du problème de la figure des corps célestes, dont les molécules intégrantes sont soumises à la loi de l'attraction et tournent autour d'un axe d'un mouvement uniforme, donne une solution indépendante de l'état physique, ou plutôt suppose que cet état était originairement fluide, c'est-à-dire liquide ou gazeux. Quant à la valeur de la densité du Soleil, égale, comme on l'a vu, au quart de la densité moyenne de la Terre, et par conséquent dépassant de plus d'un tiers la densité de l'eau, elle n'a rien d'incompatible avec l'état gazeux. Des expériences dues à Cagniard de Latour prouvent que la densité d'une masse gazeuse peut atteindre une valeur considérable, quand elle est soumise à une grande pression, à une température qui dépasse de beaucoup celle du point de liquéfaction de la substance.

Une objection plus grave avait été faite à la théorie de M. Faye par M. Kirchhoff. M. Faye, dit-il, se figure le noyau qui est entouré par la photosphère aussi chaud, plus chaud même que la photosphère, mais obscur. Pour lui, ce noyau est gazeux; eu égard au faible pouvoir émissif des gaz, M. Faye regarde ces deux propriétés comme compatibles dans le noyau gazeux du Soleil. De la relation existant entre le pouvoir émissif et le pouvoir absorbant des corps, il résulte d'une façon absolument certaine que, alors qu'en réalité la lumière émise par le noyau solaire est invisible pour notre œil, ce noyau, quelle que soit d'ailleurs sa nature, est parfaitement transparent, de manière que nous apercevrions, par une ouverture située sur la moitié de la photosphère tournée de notre côté, au travers de la masse du noyau solaire, la face interne de l'autre moitié de la photosphère, et que nous percevrions la même sensation lumineuse que s'il n'y avait pas d'ouverture. » (*Comptes-rendus de l'Académie des sciences*, 1867, I, p. 400.)

Sans abandonner sa théorie dans ce qu'elle a d'essentiel, M. Faye a été amené, pour résoudre les objections précédentes, à introduire quelques modifications dans son explication des phénomènes solaires. D'après lui, il est impossible de rendre compte de ces phénomènes, notamment de la loi de rotation selon la latitude, ainsi que de la constance de la radiation, sans admettre un échange continuel entre les couches profondes et les couches superficielles de l'astre. Cet échange est produit par les courants verticaux ascendants et descendants, les premiers étant formés par « des masses gazeuses expulsées de la couche profonde où les molécules solides incandescentes des courants descendants viennent se décomposer et se transformer en vapeurs, en rompant ainsi l'équilibre de cette couche [1]. »

Des considérations de thermodynamique, dans le détail desquelles nous ne pouvons entrer, lui font conclure qu'au-dessous de la photosphère il existe des couches moins chaudes que la matière incandescente de la photosphère, et moins chaudes surtout que la région centrale de la masse solaire; de là l'obscurité relative des parties laissées à découvert par les éclaircies des taches, et l'absorption des radiations qui proviennent soit de la masse interne, soit des régions de la photosphère opposées à la direction du rayon visuel. Sur ce point, se trouve levée l'objection capitale de Kirchhoff. D'autre part, selon M. Faye, la photosphère est une enveloppe

---

1. D'après M. Faye, une tache est donc une sorte de cratère, siége d'éruption de gaz chaud. MM. Balfourt-Stewart et Lockyer la considèrent au contraire comme produite par un courant descendant, dont la matière, provenant de couches plus élevées et plus froides, cause le refroidissement et l'extinction des parties de la photosphère que ce courant envahit. Laquelle des deux hypothèses est la vraie? C'est une question qu'a étudiée récemment M. Sonrel, par l'examen des mouvements des feuilles de saule, à l'intérieur des taches. Ce savant croit pouvoir conclure de ses observations que « les taches sont le siége de courants descendants, mais ces courants sont relativement chauds, et s'ils éteignent la photosphère, c'est en redissolvant les vapeurs condensées qu'ils rencontrent. »

fort peu lumineuse par elle-même, comme les couches sous-jacentes, mais dans laquelle se forment une multitude de petits amas de matière incandescente, séparée par des intervalles noirs. Les granulations et les pores se trouvent ainsi expliqués. L'incandescence de ces nuages lumineux serait due principalement aux actions chimiques que détermine la présence de l'oxygène dans les couches superficielles, couches où ce gaz tend à se concentrer, à cause de sa légèreté spécifique et de son aptitude à conserver l'état complétement gazeux sous de hautes pressions. (V. pour plus de développements les *Comptes-rendus de l'Académie des sciences,* 1868, II, p. 188.)

§ 6. — LES PROTUBÉRANCES DU SOLEIL VUES PENDANT LES ÉCLIPSES TOTALES.

Protubérances, gloire et auréole. — Nature chimique des protubérances ; analyse spectrale de leur lumière ; observations de l'éclipse totale du 18 août 1868, par MM. Janssen, Rayet, Tennant. — Conséquences tirées de ces observations, relativement à la constitution physique de l'astre. — Couche continue d'hydrogène incandescent recouvrant la photosphère. — Relations entre les protubérances, les facules et les taches.

Les éclipses totales de Soleil sont dues, comme tout le monde le sait, à l'interposition momentanée du disque obscur de la Lune nouvelle entre l'astre et l'observateur. Notre satellite agit ainsi comme un écran parfaitement opaque qui arrête pendant quelques minutes le rayonnement de la lumière solaire et l'empêche d'arriver, non-seulement à la surface du sol, mais encore dans toute la portion des couches atmosphériques qui se trouvent plongées dans le cône d'ombre lunaire.

Ce phénomène d'un si haut intérêt n'a fourni pendant longtemps, probablement parce que l'attention des astronomes n'était point éveillée, que des données relatives à l'obscurité plus ou moins grande qui en résultait pour les régions terrestres parcourues par l'ombre de la Lune. Cependant, dès le commencement du siècle dernier, les observateurs signalèrent l'apparition, pendant la phase de l'obscurité totale, d'une couronne lumineuse ordinairement d'un blanc argenté, quelquefois colorée, qui entourait le limbe obscur. Au-delà de cette couronne dont la largeur apparente variait entre $\frac{1}{5}$ et $\frac{1}{12}$ du diamètre de la Lune, la lumière allait en se dégradant, sillonnée parfois de rayons divergents qui donnaient au phénomène l'aspect de l'auréole dont les peintres ont coutume d'entourer la tête des saints et qu'en style du métier on nomme une *gloire*. Dans de récentes éclipses totales, on a observé aussi des aigrettes lumineuses, diversement contournées, et, comme les rayons des gloires, irrégulièrement distribuées sur le contour du disque de la Lune. On peut voir sur les figures 51 à 57 des exemples de ces divers phénomènes de lumière.

On s'accorde aujourd'hui à ne voir dans la teinte dégradée, dans les rayons et les aigrettes, que des effets de diffraction, tenant probablement au passage de la lumière solaire sur les bords dentelés de la Lune. Mais quant à la couronne étroite et régulière environnant le limbe pendant la totalité, on s'est demandé si elle n'indiquait point l'existence d'une atmosphère solaire ; car, relativement à l'hypothèse, émise à l'origine, qui faisait de cette couronne une atmosphère de la Lune vue par l'illumination

des rayons du Soleil, elle est inadmissible. (Voyez, à
ce sujet, le chapitre de notre ouvrage LA LUNE qui
traite de cette question de l'atmosphère hypothétique de notre satellite.) Arago penchait pour l'opinion qui considérait la couronne comme due à une
atmosphère entourant le Soleil à une grande distance; dans le but de vérifier cette hypothèse, il
avait cherché à s'assurer si la lumière était polarisée ; mais ses propres observations et celles de
quelques autres savants furent peu concluantes.
M. Liais trouva, en 1858, que la lumière de la couronne était polarisée, d'où il concluait l'existence
d'une atmosphère solaire extérieure à la photosphère.

Voici, du reste, d'autres raisons qui témoignent de
cette existence. Dans les photographies du Soleil
obtenues à l'observatoire de Kew, on remarque une
différence très - notable d'intensité lumineuse entre
les bords et le centre du disque solaire ; nous avons
déjà mentionné cette différence qui s'explique très
bien si les

Fig. 51. — Éclipse totale de Soleil du 8 juillet 1842.
Protubérances; gloire.

rayons de la photosphère traversent une atmosphère

absorbante ; car, vers les bords, les couches traversées sont nécessairement beaucoup plus étendues qu'au centre. « Il est digne de remarque que la température de cette atmosphère doit être inférieure à celle de la photosphère, autrement l'absorption qu'elle occasionne serait contre-balancée par sa propre radiation. » (*Researches on Solar physics*, W. de la Rue, Balfour-Stewart et Lœwy.)

Arrivons maintenant aux phénomènes observés, depuis 1842, dans la plupart des éclipses tota

Fig. 52. — Protubérances de l'éclipse totale de Soleil du 28 juillet 1851, d'après Dawes.

les de Soleil, phénomènes d'une importance aussi capitale pour l'étude de la constitution physique de l'astre, que les taches solaires elles-mêmes.

On peut voir, dans les figures 51, 52, 53 et 54, irrégulièrement disposés autour du limbe obscur de la Lune, un certain nombre d'appendices, les uns en forme de montagnes, de pics ou de pyramides, les autres s'élevant comme des colonnes tantôt verticales, tantôt recourbées, tantôt enfin détachées du contour ou le surplombant. C'est à ces appendices lumineux, d'une teinte rougeâtre ou rose, mêlée de violet et de blanc, qu'on a donné le nom de *protubé-rances* ou de *nuages roses* (red flammes, *flammes rouges*, disent les astronomes anglais). Que sont, en réalité, ces singulières apparences? Sont-ce des objets réels ou de simples phénomènes optiques; appartiennent-ils, dans la première hypothèse, à la Lune ou au Soleil même? Toutes ces questions furent d'abord diversement résolues; mais aujourd'hui le doute n'est plus permis, il s'agit bien d'objets réels, et c'est au Soleil même, ou du moins aux régions qui en-vironnent di-

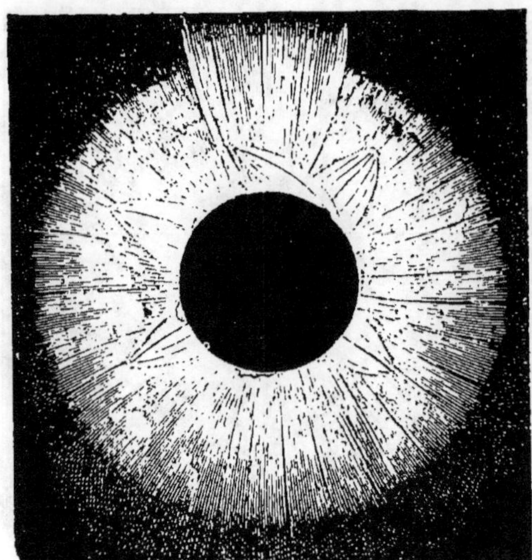

Fig. 53. — Éclipse totale de Soleil du 7 septembre 1858, d'après M. Liais; aigrettes et protubérances.

rectement la photosphère, qu'ils appartiennent positivement. Il y a de ce fait des raisons déci-sives.

Déjà, en examinant les remarquables photographies obtenues en juillet 1860, par Warren de la Rue (*fig.* 55), on pouvait se prononcer. En effet, deux de ces dessins se rapportent au phénomène vu, l'un après le commencement de la totalité, l'autre un peu avant la fin de la même phase. Or, on voit que le disque obscur de la Lune qui masquait d'abord les protubérances du côté où avait eu lieu le premier contact, en laissant voir celles du côté opposé, produisit un effet inverse par son mouvement au-devant du disque du Soleil; de sorte que, vers la fin de la totalité, les protubérances vues les premières se trouvèrent masquées à leur tour, et les protubérances opposées devinrent visibles. Ce fait serait inexplicable, si les appendices appartenaient à la Lune; il est tout simple, au contraire, si l'on suppose qu'ils recouvrent la surface même du Soleil.

Mais la preuve que les protubérances ont une réalité objective, qu'elles appartiennent au globe solaire, a été mise hors de toute contestation par les observations de la magnifique éclipse totale observée aux Indes le 18 août de cette année 1868. C'est à

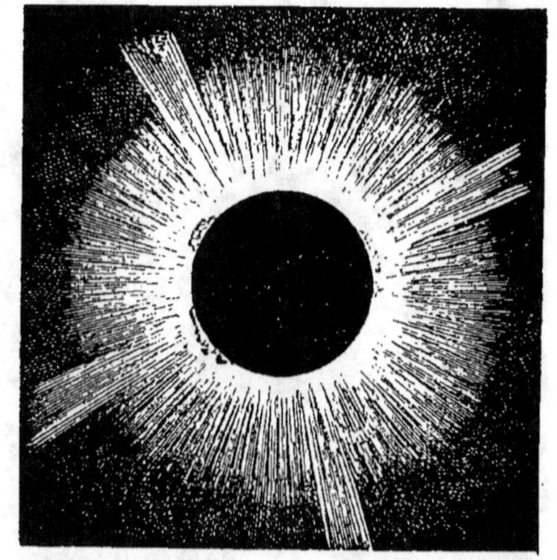

Fig. 54. — Éclipse du 18 juillet 1860; gloire, couronne et protubérances, d'après Felitzch.

l'analyse spectrale, à cette méthode ingénieuse, si heureusement modifiée par MM. Janssen et Lockyer, qu'est encore dû ce résultat remarquable. Désormais, grâce à ces deux savants astronomes, l'étude des protubérances n'est plus limitée aux courts instants des rares éclipses totales de Soleil; on peut les

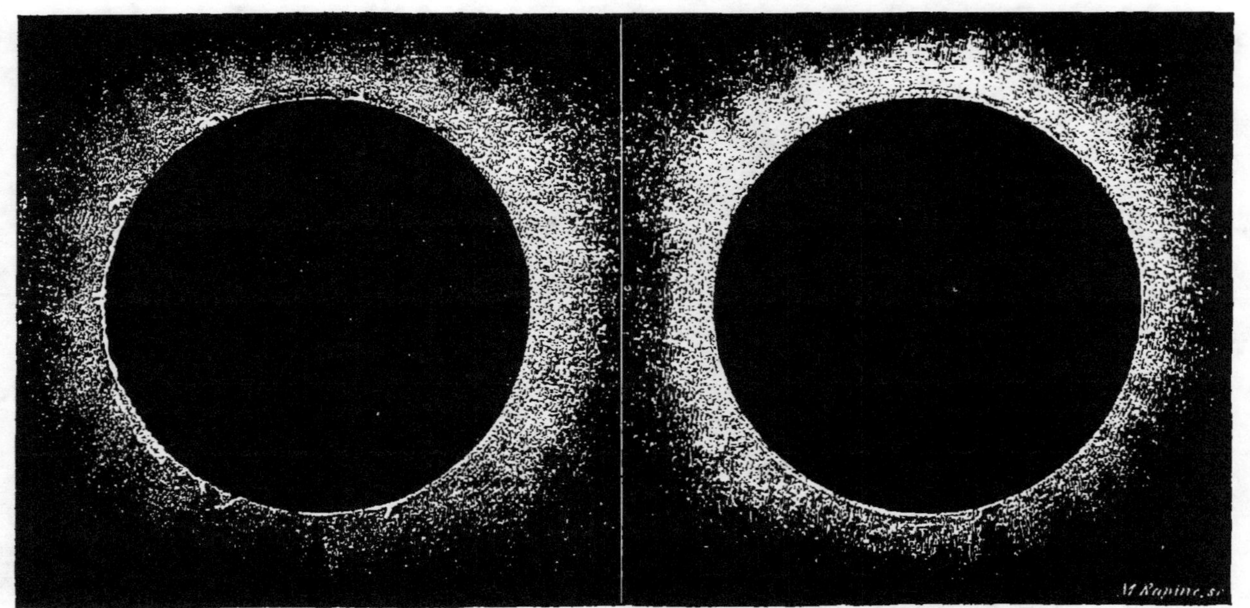

Fig. 55. — Protubérances solaires vues pendant l'éclipse totale du 18 juillet 1860, d'après les dessins et les observations de Warren de la Rue.

observer à toute époque de l'année, et cette seule possibilité prouve sans réplique que les protubérances ne sont pas de simples phénomènes optiques dus à l'interposition du disque lunaire, et

Fig. 56. — Éclipse totale du 18 août 1868. — Protubérances gazeuses, vues au commencement de la totalité, d'après les dessins et les observations faites à Guntoor (Inde anglaise) par le major Tennant.

de plus, qu'elles appartiennent décidément au Soleil.

Donnons quelques détails sur ces dernières et importantes observations :

En jetant un coup d'œil sur le dessin de la figure 56, on voit immédiatement deux groupes de protu-

bérances, tels qu'ils apparurent aux observateurs de
l'éclipse, depuis Aden jusqu'à la presqu'île de Ma-
lacca, au début de la phase de la totalité. « L'une
d'elles surtout, dit M. Janssen, celle de gauche, est

Fig. 57. — Éclipse totale du 18 août 1868. — Protubérances gazeuses, vues
à la fin de la totalité, d'après les dessins et les observations faites à Guntoor par le major Tennant.

d'une hauteur de plus de 3'; elle rappelle la flamme
d'un feu de forge, sortant avec force des ouvertures
du combustible, poussée par la violence du vent. La
protubérance de droite (bord occidental) présente
l'apparence d'un massif de montagnes neigeuses,
dont la base reposerait sur le limbe de la Lune, et qui

seraient éclairées par un soleil couchant. » Quand le mouvement du disque de la Lune eut masqué ces premières protubérances, et que l'éclipse, dans sa phase de totalité, fut sur le point de toucher à sa fin, d'autres protubérances se montrèrent sur le bord opposé du Soleil : ce sont celles qui sont représentées dans la figure 57 et qui forment sur une grande étendue du contour de l'astre une couche dentelée et presque continue. « Dans le grand télescope, dit un autre observateur, M. Stephan, les protubérances se présentaient avec une admirable netteté; leur couleur ne saurait être mieux comparée qu'à celle d'un corail rose légèrement teinté de violet; toutes semblaient attachées par une base parfaitement nette et non point flotter à une certaine distance de la Lune, comme cela avait été vu en 1851 et 1860. »

Outre l'existence des protubérances et leur liaison évidente avec le disque solaire, points qui avaient été établis déjà par les observations des éclipses antérieures, on reconnut la présence d'une mince couche diaphane, très-brillante, qui parut aussitôt après le deuxième contact, et qui se montra de nouveau quelques secondes avant le troisième contact. En 1860, un peu après le commencement de l'obscurité totale et un peu avant la fin, on avait vu cette même couche qu'il ne faut pas confondre avec la couronne : tandis que la lumière de celle-ci est blanche, la couche dont il s'agit parut d'un rouge pourpre aux observateurs de l'éclipse de 1860 (MM. le Verrier, Ismaïl). Sa hauteur variait entre 8, 10 et 15 secondes.

Arrivons à la partie la plus importante des phénomènes observés le 18 août dernier, celle qui préoccupait le plus les astronomes, à savoir, l'étude, par l'analyse spectrale, de la lumière et par suite de la nature physique et chimique des protubérances. Tous les observateurs (MM. Rayet, Herschel, Tennant, Janssen) constatèrent que le spectre de ces singuliers appendices était formé d'un certain nombre de raies brillantes. Le lieutenant Herschel en nota trois, l'une rouge, l'autre orangée, l'autre bleue ; le major Tennant cinq, voisines des raies C D E F G du spectre solaire; M. Rayet en vit neuf, parmi lesquelles cinq particulièrement intenses; M. Janssen remarqua cinq ou six lignes très-brillantes, rouge, jaune, verte, bleue, violette, et il reconnut immédiatement que la rouge et la bleue coïncidaient avec les raies C et F du spectre solaire, raies caractéristiques du gaz hydrogène.

Du reste, presque aussitôt, ce dernier physicien conçut et réalisa l'idée d'observer les raies des protubérances en dehors des éclipses. Dès le 19 août, au matin, il revit les raies brillantes accusant la présence des protubérances autour du disque du Soleil. De son côté, M. N. Lockyer qui avait fait, depuis deux ans, plusieurs tentatives et imaginé une méthode pour observer les protubérances en dehors des éclipses, ayant appris, le 20 octobre suivant, qu'elles étaient les raies observées, réussit à Londres à revoir plusieurs d'entre elles. Dans cet intervalle, M. Janssen poursuivait ses remarquables observations. Les observateurs prévenus se mirent de toute part à l'étude ; et aujourd'hui, bien qu'il y ait encore sur ce sujet beaucoup de points douteux, on peut regarder comme parfaitement établi :

1° Que les protubérances appartiennent décidément au Soleil. S'il était resté des doutes sur ce point, après les observations des éclipses antérieures, celles du 18 août dernier, et surtout celles faites après l'éclipse par MM. Janssen, Lockyer, Rayet, Secchi ne permettraient plus aucun doute.

2° Que les protubérances sont de nature gazeuse; c'est un gaz incandescent, en grande partie composé d'hydrogène, mais renfermant sans doute d'autres substances, peut-être même inconnues à la surface de la Terre, ainsi que paraît le prouver l'existence d'une raie brillante, voisine de la raie jaune du sodium, bien que ne coïncidant pas avec celle-ci, et, chose curieuse, ne correspondant à aucune des raies obscures du spectre solaire.

3° Que la matière des protubérances existe sur une grande étendue, sinon sur toute la surface de la photosphère. Elle forme une couche continue, dont M. Lockyer évalue l'épaisseur moyenne à 8 000 kilomètres, et les protubérances ne paraissent être que les portions de cette couche, soulevées à des hauteurs plus ou moins grandes, quelquefois détachées de la masse, quelquefois la surplombant. La grande protubérance de la figure 56 n'avait pas moins de 34 000 lieues de hauteur verticale au-dessus de la photosphère.

4° Que ces prodigieuses accumulations de gaz incandescents subissent, en des temps fort courts, des changements de forme et de dimensions indiquant que la couche de matière est constamment agitée par des mouvements dont la cause est encore inconnue, peut-être la même que celle qui donne lieu à la formation des taches et des facules.

Depuis l'époque des observations faites pendant

l'éclipse totale d'août 1868, un grand nombre de faits de détail sont venus se joindre à ceux qu'on vient de décrire. Les spectres des protubérances, les lignes brillantes dont ils se composent ont été étudiés à l'aide de la nouvelle méthode; on a pareillement étudié ceux des taches. La *chromosphère*, c'est le nom donné à la couche continue d'hydrogène dont la photosphère est recouverte, paraît contenir, outre ce gaz, des vapeurs métalliques, celles du fer, du barium, du magnésium, mais seulement dans les régions les plus basses. Les faits, nous le répétons, sont nombreux; mais il y a encore entre les divers observateurs des divergences trop grandes, soit sur les observations elles-mêmes, soit sur leur interprétation au point de vue de la constitution physique du Soleil, pour qu'il ne soit pas prématuré d'en tirer des conséquences. D'ailleurs, il reste à éclaircir bien des points douteux encore, bien des questions que les observations anciennes, comme les nouvelles, ont suggérées et laissent indécises.

Par exemple, y a-t-il une relation physique entre les taches, noyaux noirs et pénombres, et les protubérances, comme tendraient à le prouver les observations du père Secchi? Avant l'éclipse dernière, on le niait, en faisant observer que les protubérances se voient à toutes les latitudes, tandis que les taches sont comprises dans une zone restreinte. Cependant on a signalé le voisinage presque immédiat de facules existant sur les bords du disque, le 18 août dernier, près de deux groupes de protubérances. De même, les 24 et 27 février 1869, le père Secchi a vu briller de magnifiques protubérances à la même place où se trouvaient deux facules très-vives au bord du disque. Ces taches brillantes ne seraient-elles autre chose que le produit de l'accumulation de la matière rose refoulée par l'éruption qui donne naissance aux taches? M. Lockyer a observé la chromosphère, quand des taches se trouvaient près du limbe. Tantôt les taches lui ont paru accompagnées de protubérances, tantôt elles en ont paru dépourvues. Mais, comme le fait remarquer ce savant observateur, il est possible qu'une tache se trouve toujours accompagnée d'une proéminence, à une certaine époque de son existence, et qu'elle soit due à une action qui, dans le plus grand nombre des cas, serait accompagnée d'une proéminence.

Maintenant, l'atmosphère incandescente et de niveau très-inégal qui enveloppe toute la photosphère, est-elle la seule qui existe autour du globe du Soleil? Les protubérances s'élèvent-elles dans le vide, ou dans une atmosphère complétement transparente? Il reste à savoir quel est le milieu qui produit le renversement des raies par l'absorption de certains rayons de lumière photosphérique. Est-ce la couche rose continue, bien moins épaisse que les parties qui se soulèvent en forme de protubérances ou de nuages, mais aussi beaucoup plus dense probablement? L'intensité de la lumière de la photosphère, dont le spectre est considéré comme continu, ne peut provenir, selon les idées scientifiques actuelles, que de particules solides ou liquides incandescentes. De là l'hypothèse d'un noyau solide ou liquide proposée par Kirchhoff, ou celle d'un noyau gazeux, dont la périphérie est couverte de nuages de particules à l'état solide ou liquide pulvérulent, selon la théorie de M. Faye. Or, de récentes expériences dues à M. Frankland, on pourrait induire qu'un spectre continu peut être donné par la lumière d'une masse gazeuse incandescente, lumière d'autant plus intense que la pression et la température seraient plus considérables. A la surface du Soleil, l'intensité de la pesanteur est si forte, que la pression d'une couche de quelques mille lieues d'épaisseur doit être en effet énorme.

Toutes ces questions se trouvent à la fois soulevées par les découvertes d'une si haute importance que nous venons de résumer dans leurs points essentiels, et la constitution physique et chimique du Soleil ne peut manquer de faire prochainement de grands progrès. Mais il ne faut pas se presser de conclure [1]; grâce à la nouvelle méthode d'observation, les faits s'accumulent; il faut attendre qu'ils soien assez nombreux, assez concordants pour en tirer de conséquences. En ce moment, les diverses théories proposées sont, par le fait, soumises à une révision qui n'en laissera peut-être guère subsister que des fragments.

1. C'est pour cette raison que nous ne faisons que mentionner ici une hypothèse sur la constitution du Soleil, dont l'auteur est un astronome américain, M. W. Gilman, de New-York. Suivant lui, le noyau du Soleil est une masse solide ou liquide incandescente, entourée de la photosphère et, par-dessus celle-ci, d'une atmosphère qui n'est visible que dans les éclipses, où elle forme la couronne. Les taches sont dues à la présence d'amas de scories qui se rassemblent à la surface du noyau, et déterminent une action électrique d'une très-grande intensité. De là des trouées dans la photosphère produites par la déflagration des masses gazeuses, et la naissance des taches, dont le noyau ne paraît noir que par un effet de contraste. Cette hypothèse, dont nous ne donnons ici qu'une idée générale, est intermédiaire, comme on voit, entre celles de Wilson et de Kirchhoff.

CHAPITRE VII

ENTRETIEN DE LA RADIATION SOLAIRE

---

§ 1. — DE LA CHALEUR A LA SURFACE DU SOLEIL, ET DANS L'INTÉRIEUR DE SA MASSE.

Température des diverses régions du globe solaire. — Radiation calorifique du centre et des bords de la photosphère, des facules et des taches.

L'énergie de la radiation calorifique du Soleil a pu être mesurée avec une certaine approximation, nous l'avons vu. Mais les données ainsi obtenues ne nous renseignent pas sur un point qui aurait une grande importance, je veux dire sur la température intrinsèque qui règne, soit à la surface de l'immense globe, soit dans les profondeurs de sa masse. Si ce problème parvenait à être résolu, on saurait s'il y a quelque analogie entre cette source si prodigieusement puissante et les sources de chaleur que nous produisons à la surface de la Terre, et dont l'origine est dans les actions chimiques ou électriques.

Malheureusement on est réduit à des conjectures, parce que certains éléments font défaut. Il faudrait connaître le pouvoir émissif du Soleil, et tout ce que l'on peut faire, c'est de le supposer compris entre certaines limites. C'est ce qu'a fait Pouillet, qui est arrivé à la conclusion suivante : en supposant le pouvoir émissif du Soleil égal à l'unité, sa température est au moins de 1 461°, c'est-à-dire à peu près celle de la fusion du fer; elle pourrait être de 1 761°, si le pouvoir émissif du Soleil était analogue à celui des métaux polis.

Dans l'hypothèse proposée par M. Faye et qui considère la masse entière du Soleil comme gazeuse, la température des couches internes dépasse de beaucoup celle où les actions chimiques commencent à s'exercer. Mais, selon lui, quelle que soit cette température, le pouvoir émissif de la masse doit être très-faible etses radiations toutes superficielles, puisque chaque couche jouit d'un pouvoir absorbant spécial pour les rayons émis par les couches inférieures. « En fait, dit-il, la température à la surface du Soleil est loin d'être aussi élevée que sa température interne. Des mesures de M. Pouillet sur l'intensité actuelle de la radiation solaire, M. Thomson déduit que la chaleur émise n'est que de 15 à 45 fois supérieure à la chaleur engendrée dans le foyer de nos locomotives. »

Les observations spectroscopiques faites pendant l'éclipse totale du 18 août 1868, et depuis, ont appris qu'il existe, au-dessus de la photosphère, une immense couche de gaz hydrogène à l'état d'incandescence, couche dont la hauteur moyenne est, d'après Lockyer, d'environ 8 000 kilomètres; audessus de cette couche s'élèvent de temps à autre les colonnes gazeuses de même nature qui constituent ce qu'on nomme les protubérances rouges. Si l'on peut appliquer à la combustion de ces masses ce qu'on sait de la combustion de l'hydrogène à la surface de la Terre, il faudrait en conclure que la température du Soleil, au moins à sa périphérie, n'est pas moindre de 2 500°.

D'après les observations du père Secchi, il y aurait lieu de croire que les diverses régions de la surface solaire ne sont point à la même température. Indépendamment de la différence que présente la radiation des bords et celle du centre, différence due uniquement à l'absorption de l'atmosphère, il y en a une autre qui caractérise les régions polaires et les régions équatoriales, celles-ci étant plus chaudes que les premières; de plus, les deux hémisphères boréal et austral du Soleil n'auraient point non plus exactement la même température. Herschel avait aussi soupçonné qu'un hémisphère du Soleil rayonnait moins de chaleur et de lumière que l'hémisphère opposé; mais il considérait deux des faces que le Soleil présente successivement à la Terre, non pas les hémisphères que sépare l'équateur de l'astre.

Le directeur de l'Observatoire romain a comparé la température des taches à celle des parties lumineuses de la photosphère, ainsi qu'à celle des facules; il a trouvé que les taches sont les parties les moins chaudes de la surface; mais il n'y a pas de différence appréciable entre les facules et la photosphère. M. Chacornac a également reconnu l'infériorité des taches sous le rapport de la température; mais, selon cet observateur, les facules qui succèdent à une tache ont, au contraire, une température plus élevée que la photosphère.

N'oublions pas, d'ailleurs, que dans tout cela il

ne s'agit point de la température proprement dite des régions comparées, mais de l'intensité de leur radiation calorifique, telle que nous pouvons l'apprécier à la surface de la Terre; il faudrait connaître les différents pouvoirs émissifs de la photosphère en ses divers points, des taches et des facules, pour pouvoir en conclure l'élément en question. Ainsi, il est fort possible, comme la théorie de M. Faye le suppose, que l'intérieur des taches, leurs noyaux soient à une température beaucoup plus élevée que les parties lumineuses de la photosphère : il suffirait pour cela que cet intérieur fût composé d'une masse gazeuse incandescente ayant un pouvoir émissif très-faible, ou presque nul.

§ 2. — LE SOLEIL SE REFROIDIT-IL DANS LA SUITE DES SIÈCLES? — COMMENT S'ENTRETIENT L'ÉNERGIE DE LA RADIATION SOLAIRE.

La radiation solaire ne peut provenir d'une simple combustion. — Hypothèses diverses; chaleur développée par la rotation. — Entretien de la chaleur du Soleil par la chute des météorites. — Théorie d'Helmholtz; origine des radiations solaires : transformation de la force de la gravité par suite de la condensation des molécules de la nébuleuse primitive.

Si la pensée se perd à calculer les myriades de myriades de siècles qui mesurent le temps écoulé, depuis l'époque où la nébuleuse solaire s'est trouvée condensée en une masse incandescente, et aussi depuis l'époque de la formation de la Terre jusqu'à l'époque actuelle; si les quelques cent mille années d'existence probable de la race humaine ne sont qu'une seconde dans la vie du Soleil, où chercherons-nous, où trouverons-nous un point de repère qui permette à nos descendants de s'assurer que le père commun de notre légion planétaire est soumis à la loi qui régit tout ce qui existe; que, comme il est né, s'est développé, a vécu et vit encore, un temps viendra où tout ce qu'il possédait de puissance s'étant peu à peu dissipé dans l'espace, il passera du rang d'étoile rayonnante à celui d'astre obscur et, ainsi, atteindra sa fin? Sera-t-il possible de mesurer un jour, par quelque phénomène sensible, appréciable, une phase de cette existence, une minute de cette vie?

Le Soleil nous apparaît, il est vrai, comme une source rayonnante primitive, qui puise en lui-même l'énergie de son pouvoir calorifique et lumineux. Mais le temps n'est plus où on le considérait comme un *feu pur*, inépuisable et indestructible, où l'on croyait à ce qu'on appelait l'incorruptibilité des astres, *cœla incorrupta*. On sait aujourd'hui que toute dépense de chaleur, de lumière est une perte réelle, une diminution pour le foyer d'où partent les rayons, et que, si rien ne vient entretenir l'activité de la combustion ou de l'incandescence, un moment doit arriver où le foyer sera complétement éteint.

Et d'abord, d'après les données que l'on possède sur le rayonnement solaire, peut-on dire de combien sa température s'abaisse en une année, en un siècle, en une période quelconque? Pouillet s'est posé ce problème; mais il a montré en même temps que la solution en est pour nous indéterminée. Il faudrait, pour le résoudre, connaître deux éléments de la constitution physique du Soleil, la conductibilité de la substance dont son globe se compose, ainsi que sa chaleur spécifique. Dans l'hypothèse d'une conductibilité parfaite, et à supposer que la chaleur spécifique du Soleil fût 133 fois celle de l'eau, Pouillet est arrivé à cette conséquence que la température du Soleil s'abaisserait de $\frac{1}{1000}$ de degré par année, ou de 1° par siècle. En 10,000 ans, le refroidissement total serait donc de 100 degrés.

Maintenant, le Soleil s'est-il réellement refroidi depuis les temps historiques? Rien, à notre connaissance, ne témoigne d'un pareil phénomène dans les quelques milliers d'années dont l'homme a conservé le souvenir. Peut-être, un jour, l'histoire du passé de notre planète pourra jeter quelque lumière sur la question ainsi·posée; mais il ne faut pas perdre de vue qu'un changement démontré des climats ou de la température moyenne de la Terre peut être attribué aussi bien à des modifications terrestres qu'à une variation dans l'intensité du rayonnement solaire : le problème sera toujours très-complexe.

Ce qu'il est permis d'affirmer, c'est que, depuis plusieurs milliers d'années, aucune diminution appréciable ne s'est fait sentir dans cette intensité; et, dès lors, il faut supposer nécessairement, ou que le refroidissement est beaucoup plus lent que ne l'exige la solution, d'ailleurs hypothétique de Pouillet, ou bien que la chaleur du Soleil est entretenue par des moyens dont il reste à chercher la nature. Nous venons de voir qu'au cas où il ne réparerait point ses pertes, il se refroidirait de 100° en cent siècles; mais cela suppose une chaleur spécifique énorme, et si cette chaleur spécifique ne dépasse point celle de l'eau, ce n'est plus de 100°, c'est de 14 000° qu'il se refroidirait dans cette même période : c'est-à-dire que sa radiation après le même intervalle de temps se trouverait entièrement éteinte.

« Aucune des combustions, aucune des affinités chimiques que nous connaissons, dit Tyndall, ne pourrait entretenir la radiation solaire. L'énergie chimique de ces substances serait trop faible, et elles se dissiperaient trop vite dans l'espace. Si le Soleil était un bloc de houille, et qu'on l'approvisionnât assez d'oxygène pour le rendre capable de brûler au degré qu'exige la radiation mesurée, il serait entièrement consumé au bout de 5,000 ans. »

La question reste donc entière, et il faut se demander comment s'entretient ce foyer prodigieusement intense dont la masse, quelque énorme qu'elle soit, ne suffit pas à expliquer l'incandescence permanente pendant la série des siècles, tant qu'on le considère simplement comme un corps dont la combustion ne trouve d'aliment que dans sa propre substance.

Diverses hypothèses ont été proposées et discutées. Passons-les rapidement en revue :

On a dit que le Soleil tournant sur son axe en 25 jours, il doit résulter de ce mouvement un frottement de sa surface contre le milieu où il se meut, puis, par la transformation de ce frottement, un dégagement de chaleur et de lumière. Mais quelle est la matière qui presserait ainsi comme un frein la périphérie du globe solaire ? Est-ce l'éther ? Une telle supposition est évidemment inadmissible. Car l'action de ce milieu se ferait sentir avec une énergie bien autrement grande sur les planètes, dont le mouvement de rotation et surtout le mouvement de translation sont beaucoup plus rapides. On a calculé d'ailleurs que si toute la force de rotation du Soleil était convertie en chaleur, elle suffirait à compenser la radiation pendant plus d'un siècle; mais aussi elle serait complétement dépensée en moins de deux siècles. Il n'y a donc pas à tenir compte de cette hypothèse, à la fois complétement insuffisante et en contradiction avec les observations qui n'indiquent, depuis deux siècles, aucune diminution dans la vitesse de rotation de l'astre.

Une seconde opinion, brillamment soutenue par Mayer, Waterston, W. Thomson [1], est celle qui explique l'entretien de la radiation solaire par la chute des météores à la surface du Soleil.

Autour du Soleil circulent ou gravitent une multitude de corps. Les uns, comme les planètes actuellement connues, décrivent des orbites dont les grands axes ont des dimensions à peu près invariables, au moins depuis les temps historiques. On sait même, par la théorie des perturbations réciproques qu'elles produisent les unes sur les autres, que cette invariabilité est assurée pour de longues séries de siècles; ce qui prouve que le milieu où elles se meuvent oppose une résistance à peu près nulle à leurs mouvements. Outre les planètes, dont le nombre actuel est de 116, il y a une multitude de comètes, probablement des millions, qui décrivent des orbites beaucoup plus allongées, et dont les masses comparativement très-petites peuvent éprouver une résistance sensible. La comète d'Encke, par exemple, se rapproche sensiblement du Soleil, à mesure que

1. Voyez Mayer, *Dynamik des Himmels* ; Waterston, *Séances de l'association britannique*, 1853 ; W. Thomson, *Transactions de la Société d'Edimbourg, pour 1854.*

la durée de sa période diminue; et si cette accélération continue, un jour viendra où l'astre, après avoir décrit une spirale, ira se plonger dans la fournaise ardente. D'autres corpuscules, en beaucoup plus grand nombre encore, circulent constamment autour de l'astre; ce sont ceux qui nous apparaissent par essaims à certaines époques de l'année, et qui, frôlant l'atmosphère de la Terre avec la vitesse des planètes, s'y enflamment et quelquefois tombent à sa surface. Ces essaims, dont les traînées ont été récemment assimilées, sinon identifiées avec les masses cométaires [1], paraissent décrire, les unes des courbes paraboliques indiquant qu'elles viennent pour la première fois peut-être visiter nos parages solaires, les autres des ellipses plus ou moins allongées. Peu à peu, ces masses individuellement très-petites, subissant la résistance du milieu qui accélère le mouvement de la comète d'Encke, se rapprochent du Soleil et, faisant nombre, accroissent par leur adjonction la densité et la résistance de ce milieu même. Telle serait la cause de cette lueur connue sous le nom de *lumière zodiacale*, dont le plan coïncide à peu de chose près avec le plan de l'écliptique ou de l'équa-

1. La belle théorie d'un astronome italien, M. Schiapparelli, directeur de l'Observatoire de Milan, explique la périodicité des météores connus sous le nom d'*étoiles filantes* par le passage de la Terre au travers de longues traînées de corpuscules, que l'attraction du Soleil a forcé à décrire des orbites paraboliques, analogues aux orbites cométaires. Les comètes elles-mêmes seraient des nébulosités de même nature, dont quelques-unes finissent par circuler périodiquement autour du Soleil, et deviennent parties intégrantes du monde solaire. Dans la 4ᵉ édition de notre ouvrage LE CIEL, actuellement sous presse, on trouvera un résumé de cette nouvelle et importante théorie, dont nous disons plus loin quelques mots.

teur solaire, et qui s'étend sous la forme d'une zone lenticulaire, à une distance du Soleil au moins égale à la distance moyenne de la Terre.

Toute cette matière, ou plutôt ces courants de matière météorique circulent autour du foyer dont

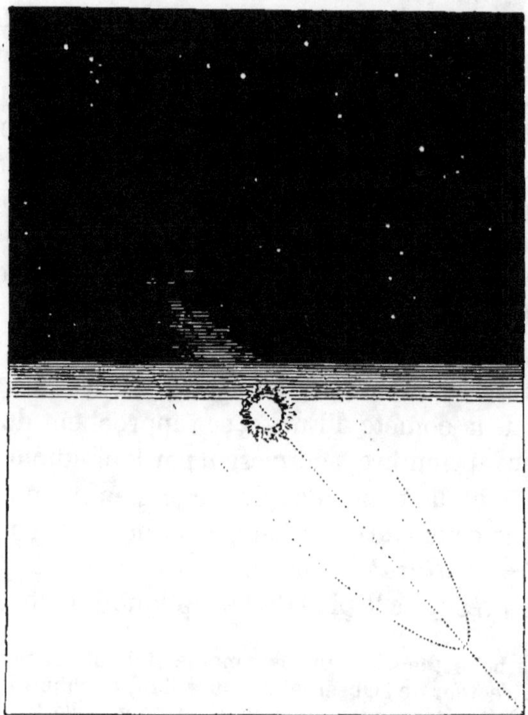

Fig. 58. — Lumière zodiacale ; direction de l'axe.

elles réfléchissent la lumière ; mais en même temps, par leurs chocs, par la résistance qu'elles opposent les unes aux autres à leurs propres mouvements, peu à peu la vitesse de translation s'accélère, et l'on conçoit qu'il en résulte un écoulement incessant vers le Soleil, une pluie de météores à la surface de l'astre.

Une telle chute est-elle de nature, si vraiment elle existe, à fournir un aliment continu à la radiation calorifique et lumineuse du Soleil? D'une part, c'est pour celui-ci un accroissement de substance, des éléments de combustion, ajouté à ceux qu'il possède déjà. D'autre part, et c'est là que serait, d'après les auteurs cités plus haut, la vraie, la principale cause de l'entretien de la radiation du Soleil, la chute de chaque météore détermine, par la simple transformation de sa vitesse acquise, une chaleur énormément plus considérable que celle due à la combustion de sa masse. Laissons, sur ce point, la parole à Tyndall :

« Il est aisé de calculer, dit-il, le maximum et le minimum de la vitesse communiquée par l'attraction du Soleil à un astéroïde qui circule autour de lui; le maximum est engendré, lorsque le corps s'approche en ligne droite du Soleil, venant d'une distance infinie, puisqu'alors la force entière de l'attraction s'est exercée sur lui sans perte aucune; le minimum est la vitesse qui serait simplement capable de faire tourner autour du Soleil un corps tout à fait voisin de sa surface. La vitesse finale du premier corps, au moment où il va frapper le Soleil, serait de 627 kilomètres par seconde, celle du second de 444 kilomètres. L'astéroïde, en frappant le Soleil avec la première vitesse, développerait plus de 9 000 fois la chaleur engendrée par la combustion d'une masse égale de houille [1]. Il n'est donc nulle-

1. Voici, d'après M. Thomson, quelles seraient les quantités de chaleur développées par chacune des 8 principales planètes, au cas où celles-ci viendraient à tomber en ligne

ment nécessaire que les substances qui tombent sur le Soleil soient combustibles; leur combustibilité n'ajouterait pas sensiblement à l'épouvantable chaleur produite par leur collision ou choc mécanique.

« Nous avons donc ici un mode de génération de chaleur suffisant pour rendre au Soleil son énergie à mesure qu'il la perd, et pour maintenir à sa surface une température qui surpasse celle de toutes les combinaisons terrestres. Les qualités propres des rayons solaires et leur pouvoir de pénétration incomparable nous autorisent à conclure que la température de leur origine doit être énorme; or, nous trouvons dans la chute des astéroïdes les moyens de produire cette température excessive. On peut objecter que cette pluie de matière devrait être accompagnée d'un accroissement dans le volume du Soleil; cela est vrai, mais la quantité de matière nécessaire à produire la radiation observée, quand même elle se serait accumulée pendant quatre mille ans, échapperait entièrement à l'examen fait avec nos instruments les plus puissants. Si la Terre tombait sur le Soleil, l'accroissement de volume qu'elle produirait serait tout à fait imperceptible; et cependant la chaleur engendrée par son choc couvrirait la dépense faite en un siècle par le Soleil. » (*La chaleur*.) La

droite sur le Soleil; ces quantités sont exprimées par les temps pendant lesquels elles pourraient entretenir la radiation solaire :

	Ans.	Jours.		Ans.
Mercure	6	214	Jupiter	32 240
Vénus	83	227	Saturne	9 650
La Terre	94	203	Uranus	1 610
Mars	12	252	Neptune	1 890

Ainsi toutes les planètes réunies, tombant sur le Soleil, entretiendraient sa chaleur pendant 45 588 ans !

chute de la Lune couvrirait les pertes d'une ou deux années, et son volume n'est que la soixante-quatre millionième partie du volume du Soleil [1].

Telle est l'hypothèse de la *Théorie météorique de la chaleur solaire*, hypothèse fort ingénieuse, et physiquement très-vraisemblable, puisqu'elle s'appuie sur un fait-principe qui a décidément aujourd'hui droit de cité dans la science, c'est-à-dire sur la transformation du mouvement mécanique en chaleur. Cependant l'un des trois auteurs, M. W. Thomson, a abandonné cette théorie comme incompatible avec un fait scientifique parfaitement constaté, à savoir, l'impossibilité de l'existence d'un milieu résistant environnant le Soleil : en effet, plusieurs comètes, telles que celles de 1680 et de 1843, sont passées si près de la surface du Soleil à leur périhélie, qu'elles auraient subi des perturbations considérables dans leurs mouvements si un milieu résistant aussi dense que celui que suppose la théorie météorique eût existé. Mais ce milieu n'est pas indispensable à la théorie, puisque la même cause qui accélère le mouvement de la comète d'Encke — et cette accélération est un fait d'observation parfaitement établi, ainsi que celle de la comète de Faye — peut précipiter à la longue sur le Soleil les courants météoriques.

---

1. D'ailleurs si le Soleil, en recevant incessamment des météores, augmente de volume et de masse, d'autre part, son incessante radiation, abaissant incessamment aussi sa température, doit déterminer de ce chef une contraction dans son volume; de sorte que la compensation qui s'opère au point de vue de son énergie lumineuse et calorifique, peut exister aussi sous le rapport du volume. Sa masse seule et sa densité s'accroîtraient d'une façon continue.

Quoi qu'il en soit, si l'hypothèse de l'entretien de la chaleur solaire par la chute des météores était admise comme vraie, on pourrait en déduire deux conséquences qui, selon nous, méritent l'examen.

La première nous est suggérée par la théorie que Schiapparelli a proposée pour l'origine des courants périodiques de météores. Selon ce savant, cette origine est extérieure au système solaire, comme celle d'un certain nombre de comètes : ce sont des masses nébuleuses que la force d'attraction du Soleil entraîne dans sa sphère d'activité, qui viennent ainsi, des profondeurs des espaces interstellaires, décrire une parabole autour du foyer de notre monde, et, après avoir défilé en longues traînées pendant plusieurs années successives, retournent aux distances d'où elles étaient venues ; les unes échappent ainsi peut-être, après une révolution, à la gravitation du Soleil ; les autres, déviées de leur première orbite par la rencontre des planètes, transforment leur route parabolique en route elliptique, et enrichissent définitivement le système solaire. S'il en est ainsi, si l'on songe en outre que le Soleil voyage lui-même dans une immense orbite dont le foyer est inconnu, on peut se représenter l'immense masse incandescente, comme ravageant l'espace, au profit de sa puissance, semblable aux baleines qui parcourent et dépeuplent l'Océan. Dès lors, pour l'entretien de son activité rayonnante, il n'est plus réduit au menu fretin qui existe à un moment donné dans son voisinage, et l'on comprend qu'à mesure qu'il engloutit des légions de météores, d'autres provisions se font pour l'avenir, et ainsi de suite pour un temps indéfini.

Une autre remarque, qui demanderait à être développée et discutée, est celle-ci :

La chute des courants météoriques à la surface du Soleil ne serait-elle pas la cause de la formation des taches ? Jusqu'ici, à notre connaissance, on a toujours cherché à expliquer les taches comme des phénomènes ayant leur origine dans les profondeurs des couches de l'astre, ou du moins, la seule origine extérieure qu'on leur ait attribuée est celle des influences planétaires. Nous avons exposé plus haut les diverses hypothèses. C'est ici le lieu d'y joindre une nouvelle hypothèse, sous toutes réserves d'ailleurs, relativement à sa valeur réelle. Quand une masse de météores est précipitée sur le globe du Soleil, avec la vitesse considérable dont chaque corpuscule est animé, n'est-il pas vraisemblable qu'elle fait une trouée dans la photosphère lumineuse, trouée d'autant plus étendue que la section de la traînée météorique est elle-même plus grande ? Si le phénomène de la chute ne dure qu'un temps très-court, la cause de la déchirure photosphérique ayant cessé, la tache n'a qu'une faible durée ; mais si la traînée a une grande longueur, cette durée sera proportionnelle à cette étendue, et l'aire de la tache sera pareillement proportionnelle à la largeur du courant et variable comme elle. La configuration des taches, les noyaux et les pénombres s'expliqueraient d'ailleurs dans cette hypothèse, comme dans toute autre qui admet que les taches sont des trouées de la photosphère. Enfin, les limites des zones des taches solaires seraient en rapport avec celles des inclinaisons des orbites primitives décrites par les essaims de météores, avant leur chute à la surface du Soleil.

Il nous reste maintenant, pour achever ce que nous avons à dire de l'entretien de la radiation solaire, à exposer la théorie qui explique cet entretien par la transformation en chaleur de la force de gravitation qui a condensé en un seul noyau les molécules de la nébuleuse primitive. A l'origine, ces molécules, relativement très-distantes les unes des autres, mais douées de la force de gravitation propre à toute matière, formaient en fait une masse chaotique ou confuse. Peu à peu, sous l'influence de la gravitation, elles se sont condensées en un noyau qui est devenu le centre prépondérant d'attraction de toute la masse. « Les molécules de la nébulosité se précipitant ainsi les unes sur les autres, dit Balfour-Stewart, de la chaleur a été produite, précisément comme, quand une pierre est lancée avec force du haut d'un précipice, la chaleur est aussi la forme dernière en laquelle se convertit l'énergie potentielle de la pierre. » Cette théorie ne diffère pas essentiellement, comme on voit, de la précédente. C'est toujours la transformation de la force vive en chaleur qui sert à expliquer la radiation du Soleil; seulement, ce n'est pas à une chute de corps étrangers au système que cette radiation est due, c'est à celle des molécules mêmes qui le formaient à l'origine. Cette précipitation des molécules les unes contre les autres peut être considérée sous un autre point de vue, celui de la condensation de la masse du Soleil. Or, on sait que la condensation est toujours accompagnée d'un dégagement de chaleur. On a calculé qu'une diminution d'un millième dans le diamètre du Soleil suffirait à maintenir sa radiation actuelle pendant 21 000 années.

Helmholtz, l'auteur de ce dernier calcul et de la théorie que nous exposons présentement, a encore calculé que « la force mécanique équivalente à la gravitation mutuelle des particules de la masse nébuleuse aurait valu, à l'origine, 454 fois la quantité de force mécanique actuellement disponible dans notre système. Les $\frac{453}{454}$ de la force issue de la tendance à la gravitation seraient donc déjà dépensés en chaleur. » Mais ce qui nous reste, s'il était converti en chaleur, suffirait encore à élever de 28 millions de degrés centigrades la température d'une masse d'eau égale aux masses réunies du Soleil et des planètes : c'est une quantité de chaleur qui vaut 3 500 fois celle qu'engendrerait la combustion du système solaire tout entier, au cas où il formerait une masse de houille pure.

Nous pouvons donc dormir tranquilles, nous et les générations que nous suivront pendant bien des milliers de siècles. Notre approvisionnement de chaleur et de lumière est assuré pour un avenir dont nous ne pouvons mesurer la durée. L'humanité, si on compare son âge à celui de la Terre, est encore dans la période de la plus tendre enfance. « Le temps durant lequel elle a nourri des êtres organisés, dit Helmholtz, est encore bien court, comparé à celui pendant lequel elle ne fut qu'un amas de roches fondues. Les expériences de Bischof sur le basalte semblent prouver que, pour se refroidir de 2 000° à 200° centigrades, notre globe a eu besoin de 350 millions d'années. Quant à la longueur du temps exigé par la condensation qu'a dû subir la nébuleuse primitive pour arriver à constituer notre système planétaire, elle défie entièrement notre imagination et nos conjectures. » Quelle que soit donc la fraction de ce temps qui nous reste encore à vivre, on peut, sans crainte de se tromper, la mesurer aussi par des millions d'années. La fin du monde par le refroidissement et l'extinction du Soleil est loin de nous !

§ 3. — LE SOLEIL EST-IL UNE ÉTOILE VARIABLE?

Ce que deviendraient la Terre et les planètes, si le Soleil venait temporairement à s'éteindre. — Étoiles variables, étoiles nouvelles, temporaires; étoiles disparues. — Combustion d'hydrogène à la surface de l'étoile nouvelle de la Couronne. — Hypothèse d'une augmentation dans la radiation solaire; de l'envahissement du Soleil par les taches. — Les *Ténèbres,* de lord Byron.

Les étoiles, avons-nous vu plus haut, sont des soleils, plus ou moins analogues au nôtre sous le rapport de la composition chimique de leurs photosphères, mais ayant, en tout cas, ce point de commun avec notre Soleil, qu'ils brillent comme lui d'une lumière propre, non empruntée à des sources étrangères, non réfléchie comme la lumière des planètes.

Or, dans le nombre des étoiles qui parsèment à l'infini la voûte céleste, il en est un certain nombre dont l'éclat varie avec le temps et tantôt s'affaiblit, tantôt s'augmente. Les unes n'offrent, dans ces variations d'intensité lumineuse, aucune périodicité déterminée; ou du moins, on n'a pu encore rien constater de pareil ; d'autres semblent apparaître subitement, brillent d'un éclat qui atteint celui des étoiles de première grandeur, puis, décroissant peu à peu, ont disparu depuis des siècles sans laisser de traces ; en certains points du ciel, on a vu apparaître des étoiles qui, jusque-là, étaient visibles et qui ont persisté depuis ; enfin, d'autres, qui étaient auparavant visibles, ont disparu. Etoiles variables, étoiles périodiquement variables, étoiles nouvelles, étoiles temporaires, étoiles disparues, telles sont les dénominations adoptées par les astronomes, pour caractériser les astres qui présentent ces étranges phénomènes.

On a fait bien des hypothèses sur les causes de ces variations, qu'on a expliquées, tantôt en supposant que les étoiles ont des mouvements de rotation qui nous font voir leurs faces inégalement lumineuses, ou sont plus ou moins aplaties et se présentent à nous de face ou par leur tranchant ; tantôt en admettant qu'elles sont le siége de combustions subites, ou d'extinction réelle de leur lumière ; tantôt enfin, en considérant leurs variations comme dues à des éclipses, à l'interposition de corps opaques et obscurs entrs elles et notre système.

Toutes ces hypothèses peuvent être vraies ; ce ne sont en tout cas que des conjectures. Mais des observations récentes témoignent de la réalité de l'une d'elles. Il a paru, il y a deux ans, dans la constellation de la *Couronne boréale*, une étoile que d'abord on a crue nouvelle, qu'on a depuis reconnue comme identique à une étoile de neuvième grandeur marquée par les catalogues, et qui pendant un certain temps a présenté un éclat inusité, au point d'être visible à l'œil nu et d'égaler l'étoile de seconde grandeur, la *Perle*, appartenant à la même constellation. Or, cette étoile nouvelle a été étudiée dans sa lumière, par la méthode de l'analyse spectrale ;

et W. Huggins a pu en conclure, comme une opinion très-probable, que l'astre s'était trouvé subitement enveloppé des flammes de l'hydrogène en combustion. Quelque grande convulsion dont la cause reste inconnue a pu dégager une énorme quantité de gaz : « une grande portion de ces gaz était de l'hydrogène qui brûlait à la surface de l'étoile, en se combinant avec quelque autre élément, et cette terrible déflagration avait surchauffé et rendu plus vivement incandescente la matière solide de la photosphère. Lorsque l'hydrogène libre eut été épuisé, la flamme s'abattit graduellement, la photosphère devint moins lumineuse et l'étoile revint à son premier état. »

Ce fait jette une vive lumière sur la cause de variabilité d'un certain nombre d'étoiles, surtout des étoiles temporaires, qui, comme la Pèlerine de 1572, ont atteint promptement un éclat considérable et peu à peu se sont éteintes et ont disparu. La question est de savoir si notre Soleil est susceptible de subir, un jour, de telles variations dans son intensité, s'il peut être le siége d'aussi redoutables phénomènes. Les observations les plus récentes prouvent que des massesgazeuses d'hydrogène en combustion se dégagent de la photosphère et produisent le phénomènes des protubérances. S'il en est ainsi, deux faits opposés peuvent se produire. La cause du dégagement gazeux peut diminuer peu à peu d'activité, et affaiblir l'intensité des radiations soit lumineuses, soit calorifiques; elle peut, au contraire, en redoublant d'énergie, activer la puissance de l'immense foyer.

Quelles seraient les conséquences de pareils changements? S'ils étaient subits, il est clair que ces conséquences pourraient être extrêmement redoutables, car un accroissement, même assez restreint, dans la chaleur solaire, augmentant par toute la Terre la température moyenne de chaque climat, modifierait profondément les conditions d'existence des êtres organisés à la surface. Imaginons seulement que le climat des zones tropicales envahisse les zones tempérées : la culture du blé devient impossible, et, d'un seul coup, l'aliment principal des nations civilisées se trouve détruit. Quelques degrés de plus, et nombre d'espèces animales, l'homme lui-même, ne peuvent plus vivre à la surface de la Terre.

Un changement inverse ne serait pas moins funeste, en produisant l'envahissement des zones tempérées par les climats polaires, et en faisant refluer vers une zone étroite de l'équateur les animaux et les plantes qui se développent aujourd'hui sur des régions beaucoup plus étendues. Après tout, si de tels événements s'accomplissaient, si des révolutions aussi profondes bouleversaient l'économie actuelle du globe terrestre, ce n'est pas à dire pour cela que la vie s'y trouverait éteinte. Les conditions changées, il est possible, il est probable même qu'une genèse nouvelle produirait progressivement une nouvelle flore, une nouvelle faune ; seulement préalablement à cette évolution, à cette émission de vie, ce serait pour les êtres actuellement vivants la destruction et la mort.

C'est par des variations dans l'éclat de notre Soleil que quelques savants ont cru pouvoir expliquer la période glaciaire ; mais les géologues n'admettent point cette explication : les changements survenus peu à peu dans la distribution des continents et des mers suffisent pour leur rendre compte des climats excessifs par lesquels a passé notre globe, et qui ont peu à peu fait place aux climats actuels.

Nous avons vu que le nombre des taches solaires paraît augmenter ou diminuer périodiquement. Ce fait doit-il suffire pour permettre de ranger le Soleil au nombre des étoiles périodiquement variables? En un mot, les taches qui obscurcissent le disque enlèvent-elles à sa radiation une fraction de son intensité assez considérable pour que le changement d'éclat soit appréciable à la distance des étoiles? D'une façon absolue, cela est vrai ; mais en tout cas, ce changement doit être bien faible, puisque, à la surface de la Terre, on n'a pu encore, d'une manière certaine, en apprécier les effets.

Maintenant, que résulterait-il de l'envahissement de la photosphère par des taches nombreuses ou très-étendues? Si les taches sont produites par un abaissement local dans la température de l'astre, il est clair qu'il en résulterait une double diminution d'intensité dans la chaleur et dans la lumière que le Soleil envoie aux planètes et à la Terre. Complétement recouvert de taches, l'astre radieux, transformé en astre obscur, cesserait d'animer de ses rayons bienfaisants le monde qui gravite autour de lui. Ce serait encore la mort, la destruction, l'immobilité qui succèderaient partout au mouvement et à la vie. Mais ce sont là des jeux purs d'imagination, que la longue stabilité de notre système ne justifie en rien, dont le poète seul peut évoquer le fantôme. Lord Byron a décrit le drame sombre, terrible, dont notre planète serait le théâtre désolé, si le foyer de notre vie, de la vie de tous les êtres qui peuplent la Terre, venait subitement à s'éteindre. Nous reproduisons ce morceau de poésie pour ceux de nos lecteurs qui aiment à lire tranquillement, au coin de leur feu, le récit de scènes grandioses ou fantastiques, et repaître leur imagination de sublimes horreurs :

« LES TÉNÈBRES.

« J'eus un rêve qui n'était pas tout entier un rêve.

« Le Soleil brillant était éteint, et les étoiles [1] erraient obscurément dans l'éternel espace, dépouillées de leurs rayons et sans suivre de route réglée ; et la terre glacée flottait aveugle et noire dans l'air que la Lune n'éclairait pas ; le matin venait, s'en allait, — et revenait sans amener le jour ; et les hommes avaient oublié leurs passions dans la terreur de cette désolation ; et tous les cœurs, glacés, dans une prière égoïste, imploraient la lumière ; et ils vivaient autour de grands feux allumés ; — et les trônes, les palais des rois couronnés, — les cabanes, les habitations de tout genre, étaient brûlés pour éclairer les ténèbres ; les villes étaient devenues la proie de l'incendie, et les hommes étaient rassemblés autour de leurs demeures embrasées pour se regarder les uns les autres encore une fois. Heureux ceux qui vivaient à proximité des volcans et de leurs cimes lumineuses !

« Un effrayant espoir était tout ce qui restait au monde ; les forêts étaient livrées aux flammes, — mais d'heure en heure on les voyait tomber et disparaître, — et les troncs pétillants s'éteignaient avec un der-

1. C'est des planètes sans doute que Byron veut parler ici.

nier craquement, — et puis tout redevenait ténèbres. Leur lumière désespérante, tombant en éclairs passagers sur le visage des hommes, leur donnait un aspect qui n'était pas de ce monde; les uns, étendus à terre, cachaient leurs yeux et pleuraient; d'autres appuyaient leurs mentons sur leurs poings fermés et souriaient; d'autres enfin couraient çà et là, alimentaient les bûchers funèbres, et regardaient avec inquiétude le ciel monotone étendu comme un drap mortuaire sur l'univers décédé [1]; puis ils se roulaient dans la poussière en blasphémant, grinçaient des dents et hurlaient; les oiseaux effrayés jetaient des cris, voltigeaient sur la terre et agitaient leurs ailes inutiles; les animaux les plus sauvages étaient devenus timides et tremblants; et les vipères rampaient et s'entrelaçaient au milieu de la foule; elles sifflaient, mais ne piquaient pas : — on les tuait pour les manger.

« Et la Guerre, qui s'était quelque temps reposée, recommençait à se gorger de carnage ; — un repas était acheté avec du sang, et chacun rassasiait à part son appétit farouche et sombre. Plus d'amour; toute la terre n'avait qu'une pensée, — celle de la mort et d'une mort immédiate et sans gloire. — Toutes les entrailles étaient en proie aux tortures de la faim; les hommes mouraient, et leurs os comme leur chair restaient sans sépulture; maigres et décharnés, ils se dévoraient entre eux; les chiens eux-mêmes attaquaient leurs maîtres, tous, un seul excepté; resté auprès d'un cadavre, il en écarta les oiseaux, les

---

1. Si le Soleil seul était éteint, nous aurions encore le magnifique spectacle du ciel étoilé, mince consolation, il est vrai, pour une population d'affamés et de gelés.

animaux de proie et les hommes affamés, jusqu'à ce que la faim les eût fait succomber eux-mêmes, ou que d'autres morts alléchassent leurs maigres mâchoires; lui-même ne chercha aucune nourriture; mais, exhalant un hurlement plaintif et prolongé avec un cri rapide de douleur, il mourut en léchant la main dont les caresses ne lui répondaient plus.

« Peu à peu, la famine moissonna la foule; d'une cité populeuse, deux hommes seulement vivaient encore, et ils étaient ennemis : ils se rendirent tous deux derrière les cendres mourantes d'un autel où une multitude de choses saintes avaient été entassées pour un usage sacrilége; transis de froid, de leurs mains glacées et décharnées ils grattèrent les cendres encore chaudes, et leur faible souffle, en quête d'un peu de vie, parvint à faire une flamme qui à peine en était une: sa lueur s'étant un peu augmentée, ils levèrent les yeux l'un vers l'autre, — se virent, jetèrent un cri, et moururent; — ils moururent au spectacle de leur laideur mutuelle, chacun d'eux ignorant qui était celui sur le front duquel la famine avait écrit : « Maudit ! »

« Le monde était désert; les pays populeux et puissants n'étaient plus qu'une masse inerte où il n'y avait ni saisons, ni végétation, ni arbres, ni hommes, ni vie, — une masse de mort, — un chaos d'argile durcie. Les fleuves, les lacs et l'Océan étaient immobiles, et rien ne remuait dans leurs silencieuses profondeurs; les navires sans équipages pourrissaient sur la mer, et leurs mâts tombaient pièce à pièce; en tombant, ils dormaient sur l'abîme que rien ne soulevait plus; les vagues étaient mortes; les marées étaient dans la tombe, où les

avait précédées la Lune, leur reine ; les vents s'é-
taient flétris dans l'air stagnant, et les nuages
n'existaient plus ; les TÉNÈBRES n'en avaient plus
besoin.

« Les TÉNÈBRES étaient l'univers ! »

ÉPILOGUE

Impossibilité physique de l'existence d'êtres organisés et vivants à la surface du Soleil. — Le roman du Soleil habité ou habitable. — Conditions logiques des hypothèses sur l'habitabilité des astres.

Après tout ce que nous avons vu de la nature du Soleil, de ce que les astronomes appellent sa constitution physique, la question posée en tête de ce dernier chapitre mérite-t-elle d'être sérieusement examinée? Oui, si l'on s'en rapporte à l'autorité des hommes de science qui ont soutenu l'affirmative; non, peut-être, si l'on invoque les observations les plus récentes, si l'on tient à la seule vraisemblance tirée de l'analogie, disons mieux, des lois connues des phénomènes physiques tels que nous les voyons se manifester à la surface de la Terre, tels qu'ils doivent aussi se manifester au sein du globe du Soleil.

Certes, les partisans de l'hypothèse de Wilson, — et l'on sait que notre illustre François Arago était du nombre, il y a plus de quinze ans à la vérité, — croyant à l'existence réelle d'un noyau relativement obscur et froid, séparé et préservé du rayonnement de la photosphère par une épaisse couche de nuages douée du pouvoir d'absorber chaleur et lumière, devaient se croire le droit d'affirmer l'habitabilité du Soleil. Mais c'est précisément cette hypothèse d'un noyau obscur et froid qui n'est plus admissible aujourd'hui.

L'interposition d'un écran opaque ou doué d'un très faible pouvoir absorbant pour la lumière et la chaleur, à supposer que l'existence en soit démontrée, ne prouverait qu'une chose, à savoir, que le noyau intérieur ne s'échauffe point par rayonnement. Mais du moment que la photosphère est en contact avec la couche de nuages des pénombres, elle lui communique forcément sa chaleur par voie de conductibilité; l'enveloppant de toutes parts, elle l'échauffe à la fois par tous les points de sa surface, et l'on comprend que le pouvoir de conductibilité fût-il très-faible, à la longue, l'équilibre de température doit s'établir dans toute la masse dont la température ne peut être moindre que celle de la fusion. Les gaz sont de très-mauvais conducteurs de la chaleur, il est vrai; mais leur conductibilité n'est pas nulle, et en accumulant les siècles on comprend qu'un certain équilibre s'établisse, par cette seule voie, entre la photosphère et le noyau. N'oublions pas d'ailleurs que les masses gazeuses s'échauffent par convection ou transport, et qu'à moins de supposer l'immobilité dans les couches sous-jacentes, la chaleur doit se propager avec rapidité. Or, les phénomènes des taches, leurs transformations rapides, les mouvements que ces transformations supposent soit dans les couches de la photosphère, soit dans les couches plus profondes, mettent hors de doute, selon nous, la réalité d'un mélange incessant de ces couches diverses, et par suite d'un échange continuel de la chaleur dont elles sont douées.

Il est donc tout à fait probable que le globe entier du Soleil est à une très-haute température dans toute sa masse, à une température qui dépasse celle de la fusion de la plupart des corps simples dont l'analyse spectrale a révélé l'existence dans son atmosphère. En même temps, il est vrai, les couches concentriques de matière dont il est formé exercent les unes sur les autres des pressions considérables, puisqu'à la surface même l'intensité de la pesanteur est 28 fois plus grande qu'à la surface de la Terre ; cette pression peut s'opposer à la fusion, mais non pas à l'incandescence. Mais nous croyons que l'hypothèse d'un noyau à l'état liquide et incandescent, ou même à l'état gazeux, est plus vraisemblable.

De toute façon, il est absolument impossible de comprendre comment des êtres vivants, animaux et végétaux, pourraient vivre dans un milieu pareil. C'est assurément fort joli que de broder un roman, une fantaisie sur les habitants du Soleil, que d'imaginer leur existence, au moins singulière, à l'intérieur d'une sorte de serre chaude, de les supposer observant le ciel au travers des éclaircies produites par les ouvertures des taches. Mais c'est de la fantaisie pure, non de la science.

A coup sûr, il y a lieu, dans une question aussi indéterminée, de rester sur la réserve : la constitution physique du Soleil est encore trop peu connue pour qu'on puisse trancher d'autorité en pareille matière ; on ne peut invoquer que des vraisemblances, mais il ne faut pas sortir du terrain des faits bien constatés, il ne faut pas, pour étayer une hypothèse toute gratuite, imaginer à plaisir des lois différentes des lois physiques que l'observation expérimentale a révélées. C'est cependant là ce que font les partisans de l'habitabilité du Soleil.

En somme, il y a un fait capital dont ils ne peuvent rendre compte : c'est la constance des radiations solaires, c'est la dépense prodigieuse de lumière et de chaleur de l'astre, à laquelle on ne peut comprendre que pût suffire la mince enveloppe composant la photosphère, si son incandescence n'était point alimentée par la chaleur de la masse entière. Qu'on adopte la théorie de l'èntretien du rayonnement du Soleil par la chute des météores, ou celle de la transformation de la force de gravitation en chaleur, dans les deux hypothèses, il n'est pas possible de supposer que le noyau de l'astre est à une basse température.

Plusieurs savants ont, il est vrai, cherché à expliquer cette faible température par des faits physiques connus. Ils ont assimilé le noyau du Soleil entouré de sa photosphère au globule sphéroïdal des curieuses expériences de M. Boutigny, globule qui reste au-dessous de zéro dans une enceinte portée au rouge blanc. Mais il est trop évident que les conditions ne sont point les mêmes : dans un cas, l'enceinte est une masse gazeuse incandescente, dans l'autre, c'est un globe de métal ou de porcelaine solide. Le noyau solaire est supposé par eux à

l'état solide, tandis que le globule de M. Boutigny
est une gouttelette liquide.

M. Liais suppose que l'atmosphère grise qui, dans
l'hypothèse de Wilson et d'Herschel, explique les
pénombres, est douée de propriétés précisément
inverses de celles de notre propre atmosphère :
celle-ci absorbe les rayons de chaleur lumineuse et
ne se laisse point traverser par les rayons de chaleur obscure, ce qui rend compte de la faible déperdition de chaleur du sol par le rayonnement diurne
et nocturne ; l'atmosphère intérieure du Soleil, au
contraire, serait rebelle au rayonnement de la photosphère, tandis qu'elle laisserait échapper très-facilement la chaleur intérieure. Ainsi s'expliquerait le
maintien d'une basse température à la surface de
l'astre. Mais, outre que cette propriété est une hypothèse gratuite, elle ne s'applique qu'à l'échauffement
par rayonnement ; elle n'empêcherait pas celui qui
procède par voie de conductibilité ou de convection.

En résumé, il nous paraît bien difficile, sinon tout
à fait impossible, de concevoir le Soleil comme un
astre dont la surface soit habitable par des êtres
organisés : nous n'avons aucune idée de ce que
pourrait être la vie dans un milieu d'une température si élevée. Tous les physiologistes s'accordent à
reconnaître qu'aucun organisme terrestre ne résiste
à l'immersion prolongée dans un milieu dont la
température ne dépasse guère 100° ; et ce n'est pas
de 100 degrés, mais de 1 000° à 2 000° qu'il faut parler pour les couches du Soleil sous-jacentes à la
photosphère. Comment veut-on que des animaux ou
des plantes résistent une seconde à une température suffisante pour fondre des métaux ?

Je sais bien que ceux qui élèvent à la hauteur d'un dogme l'habitabilité des astres, qui veulent à toute force peupler les plus gros comme les plus petits, les soleils comme les planètes, les comètes comme les nébuleuses, ont une façon commode de se tirer d'affaire et de tourner, sinon de réfuter les objections que la science élève contre leurs doctrines dans le cas particulier qui nous occupe. C'est d'imaginer que la matière possède là-bas des propriétés qui nous sont inconnues.

En thèse générale, il est bien vrai qu'à des conditions physiques différentes correspondent, là où la vie est possible, des organismes différents. Sur la Terre même, il en est ainsi; il y a toujours une harmonie nécessaire entre l'être et le milieu. Mais ces conditions mêmes ont des limites, ainsi que le prouve l'histoire paléontologique de notre planète : aux époques primitives, la vie n'y avait point encore fait son apparition, et ce n'est que progressivement qu'elle s'y est développée, au fur et à mesure des modifications physiques subies par l'atmosphère et par le sol.

A moins donc de retomber dans les rêveries superstitieuses des temps passés et de croire à l'existence de certains animaux, des salamandres dans le feu, nous devrons considérer le Soleil comme un astre sur lequel et au sein duquel la vie est impossible. Deviendra-t-il un jour un globe habitable et habité ? C'est possible ; mais alors notre Terre et toutes les planètes ne seront probablement plus peuplées.

Le rôle du Soleil est d'ailleurs, au point de vue de la vie, aussi important que celui de la Terre et des autres corps célestes qui circulent autour de lui. Il est le foyer des vibrations puissantes qui partout portent le mouvement et la vie, et dont l'interruption serait aussitôt, à la surface de tous les astres qui composent le monde solaire, le signal de la destruction de tout organisme, de l'immobilité, de la mort.

FIN

TABLE DES MATIÈRES

CHAPITRE I

LE SOLEIL, SOURCE DE LUMIÈRE, DE CHALEUR ET D'ACTIVITÉ CHIMIQUE.

CHAPITRE II

INFLUENCES DU SOLEIL SUR LES ÊTRES VIVANTS.

CHAPITRE III

LE SOLEIL DANS LE MONDE PLANÉTAIRE.

CHAPITRE IV

MOUVEMENT DE ROTATION DU SOLEIL.

CHAPITRE V

LE SOLEIL DANS LE MONDE SIDÉRAL.

CHAPITRE VI

CONSTITUTION PHYSIQUE ET CHIMIQUE DU SOLEIL.

CHAPITRE VII

ENTRETIEN DE LA RADIATION SOLAIRE.

FIN DE LA TABLE DES MATIÈRES.

FIN DE LA TABLE DES FIGURES

COULOMMIERS. — Typogr. A. MOUSSIN.

LIBRAIRIE HACHETTE ET CIE

BOULEVARD SAINT-GERMAIN, 79, A PARIS

LE
LENDEMAIN DE LA MORT

OU LA VIE FUTURE SELON LA SCIENCE

PAR LOUIS FIGUIER

CINQUIÈME ÉDITION

1 volume in-18 jésus, accompagné de 10 figures d'astronomie

PRIX, BROCHÉ : 3 FR. 50

Cinq éditions du *Lendemain de la mort* ont été publiées dans l'espace d'une seule année, et cet accueil fait à la nouvelle production de M. Louis Figuier se comprend aisément, quand on connaît l'objet et le but de ce livre. Dans un feuilleton de l'*Union médicale* à propos du *Lendemain de la mort*, M. le Dr Amédée Latour a dit : « On pourrait appeler ce livre *le livre des affligés*. « Lisez-le, vous tous à qui la mort a enlevé un être aimé; il est « consolateur et rayonnant d'espérances. » Et l'auteur ajoute, dans « la Préface de sa troisième édition : « Oui, ce livre est le livre « des affligés, le livre des cœurs meurtris; il parle à ceux qui ont « souffert et pleuré; mais s'il est propre à nous consoler de la « perte des êtres que nous avons perdus, il a aussi pour but de « nous donner à nous-mêmes le courage d'envisager la mort « sans pâlir. »

Ce livre a un autre but encore. On doit y voir un essai de démonstration, par la science, du principe de l'immortalité de l'âme, une argumentation, à base scientifique, contre le matérialisme, dont les progrès alarmants menacent la société contemporaine des destinées les plus funestes.

Pour donner une idée exacte du *Lendemain de la mort* de M. Louis Figuier, nous citerons quelques passages d'un compte rendu bibliographique de cet ouvrage qui parut le 30 août 1871, dans le journal la *Constitution* (d'*Auxerre*) et qui a pour auteur M. le docteur Émile Duché (d'Ouanne).

.... « C'est pour conjurer, dit M. Émile Duché, le fléau du matérialisme, qui menace d'engloutir les sociétés modernes, que M. Louis Figuier, armé des recherches de la science, puisque la foi tombe en ruine, essaye de restaurer le spiritualisme. Il veut prouver par les faits les plus avérés, que tout ne finit pas avec nous, que la mort amène la dissolution des éléments matériels de nos corps, mais que nos âmes sont impérissables et ont des destinées immortelles. Il est triste de penser que l'homme en soit arrivé au point de nier sa divine origine et de faire table rase de sa grandeur dans la création. C'est un signe de nos temps de décadence : le livre de M. Figuier aura-t-il le bonheur d'arrêter cette douloureuse déchéance ?...

« Voyons quelle est la thèse de notre savant travailleur. Après la destruction du corps et par conséquent de la vie, que devient notre âme ? Selon lui, l'âme humaine passe, après la mort, dans un corps nouveau ; elle va s'incarner dans un autre organisme, et composer un être de beaucoup supérieur à l'homme en puissance morale et faisant suite à l'espèce humaine dans la hiérarchie de la nature. L'auteur appelle *ange* ou *être surhumain*, cet être perfectionné. Quelle est sa demeure ? M. Figuier pense qu'il habite l'*éther planétaire*, ce fluide incommensurable qui fait suite à notre atmosphère et qui remplit l'espace. Ce fluide se nomme vulgairement le ciel, et en cela l'hypothèse scientifique est d'accord avec la tradition des religions les plus répandues sur nos deux hémisphères.

« Mais, dit M. Figuier, toutes les âmes ne sont pas destinées à cette transfiguration en quittant les organismes humains qui leur sont échus en partage. Cette récompense appartient seulement aux âmes épurées, dégagées de leurs imperfections et de leurs mélanges pervers. Quant à l'âme d'un homme méchant, vil et grossier, elle sera condamnée à continuer son temps d'épreuve sur la terre, dans une nouvelle *réincarnation*, à l'effet d'acquérir, par de nouvelles vies, la perfection voulue pour sa transmigration vers le ciel.

« Les planètes autres que la terre sont, dit-on, habitables comme la terre, et peuplées d'êtres analogues à l'espèce humaine, mais qui, probablement, en diffèrent par les milieux et les conditions d'existence. Pour M. Figuier, les phénomènes qui appartiennent à l'homme terrestre, appartiennent également à l'*homme planétaire*, de quelque globe qu'il dépende. Ainsi même épreuve, même épuration, même transfiguration, même rendez-vous aux plages éthérées.

« L'auteur pousse encore plus loin sa divination scientifique. Il ose supposer la forme physique, les sens, le degré d'intelligence et les facultés de l'*être surhumain* ; il le fait vivre, penser, se mouvoir et mourir. Mais cette mort n'est pas plus définitive pour l'*être surhumain* que pour nous, et après des incarnations nouvelles il arrive au terme définitif du cycle immense à travers les espaces, et ce lieu c'est le Soleil.

« Suit une magnifique description de cet astre central, le cœur de notre système, où tout vient concourir et converger.

« Les rayons du soleil, dit l'auteur, sont porteurs des germes animés qui
« distribuent sur les planètes l'organisation, le sentiment et la vie, en
« même temps qu'ils président à toutes les grandes actions physiques et
« mécaniques qui s'accomplissent sur la terre. La formation des plantes
« aériennes et aquatiques et la naissance des animaux inférieurs, tel est

« le résultat de l'action des rayons solaires sur notre globe. Puis com
« mence la série de transmigrations des âmes à travers les corps des dif-
« férents animaux, qui doit aboutir à l'homme, à l'être surhumain et
« à toute la guirlande des métempsycoses célestes, dont le dernier terme
« est l'être spiritualisé ou l'habitant du soleil. »

« Notre auteur, on le voit, accorde aux plantes un germe d'âme
aux animaux une âme mieux dessinée, suivant l'échelle ascen-
dante des êtres, et à l'homme l'âme dans toute sa plénitude.

« Que pensez-vous de ce système, ami lecteur ? Nous enten-
dons beaucoup d'entre vous crier : au panthéisme ! Oui, mais c'est
un panthéisme tout spécifique et qui ne détruit les croyances de
personne. M. Figuier est essentiellement religieux ; il le prouve
dans son livre quand il écrit :

« Que tous les hommes, dans tous les pays, sous tous les cieux, pra-
« tiquent la religion dans laquelle le sort les a fait naître, en atten-
« dant que les progrès de la raison des peuples aient permis de créer
« la religion de la science et de la nature. Tout est bon et tout est beau
« quand il permet de rendre hommage à la Divinité. Le culte religieux
« est le premier besoin de nos âmes, comme il est la garantie de la paix
« et du bonheur des sociétés. »

« Le livre se termine par un chapitre original. L'auteur y in-
troduit un ami qui vient se plaindre, après avoir lu son manu-
scrit, qu'il y manque une chose capitale. « Qu'y manque-t-il ? dit
« l'écrivain. — Il y manque Dieu ! » répond l'interlocuteur.

« L'auteur s'excuse d'abord sur cette lacune, presque obligée :

« L'idée qu'il faut se faire de Dieu, pour le mettre en harmonie avec
« l'immensité sans bornes de cet univers qui est son œuvre, dépasse tel-
« lement la portée de l'intelligence humaine, elle est si écrasante pour
« notre esprit, qu'on s'arrête impuissant, découragé et comme effrayé
« de son audace, quand on ose demander en quoi consiste Dieu. »

« Cependant, poussé à bout par son indiscret ami, il lui avoue
que Dieu existe dans son système, et qu'il lui a même assigné une
place dans cet univers incommensurable. Il part de là pour esquis-
ser, d'un vol rapide, non-seulement notre système solaire, mais le
tourbillon universel des mondes gravitant autour d'un centre
fixe dont il fait la demeure de Dieu. Il entre à ce sujet dans mille
détails vérifiés par la science et qui donnent le vertige à la pensée. Rien n'égale la magnificence des descriptions que verse
à profusion notre savant ; c'est le plus magnifique spectacle qu'il
soit donné à l'homme de voir du fond de son étroite vallée. On
peut dire, comme en pyrotechnie, que le dernier chapitre du livre
de M. Figuier est *le bouquet de la fin*. Après une exhibition aussi
éblouissante, douter de l'existence de Dieu, ce serait avoir des
oreilles pour ne pas entendre et des yeux pour ne pas voir.

« Telle est, très-sommairement, l'œuvre de M. Louis Figuier. On
y retrouve sans doute les traces bien accusées d'ouvrages restés
fameux dans la science, à commencer par les philosophes de l'an-
tiquité et à finir par Fontenelle, Charles Bonnet, Dupont de Ne-
mours et Jean Reynaud ; mais si l'idée n'est pas neuve de toutes

pièces, l'économie distinctive de l'ouvrage est ingénieuse et habilement disposée. Les lecteurs insouciants y trouveront un charme inconnu, ceux qui cherchent la science une moisson abondante, et ceux qui pleurent une consolation et un apaisement à leur douleur. »

ÉMILE DUCHÉ.

EXTRAIT DE LA TABLE DES CHAPITRES

Typographie Lahure, rue de Fleurus, 9, à Paris.

9 782019 225391